WESEN UND WERT DES NATURWISSENSCHAFTLICHEN UNTERRICHTES

VON

GEORG KERSCHENSTEINER

DRITTE AUFLAGE

1928
Springer Fachmedien Wiesbaden GmbH

ISBN 978-3-663-15190-6 ISBN 978-3-663-15753-3 (eBook)
DOI 10.1007/978-3-663-15753-3

Softcover reprint of the hardcover 1st edition 1928

DEM ANDENKEN
SEINES HOCHVEREHRTEN LEHRERS

FELIX KLEIN

DEM UNERMÜDLICHEN UND ERFOLGREICHEN
FÖRDERER DES MATHEMATISCHEN UND
NATURWISSENSCHAFTLICHEN
UNTERRICHTES

„ΠΟΛΥΜΑΘΙΗ ΝΟΟΝ ΟΥ ΔΙΔΑΣΚΕΙ“
(HERAKLIT)

VORWORT ZUR DRITTEN AUFLAGE

Die neue Auflage des Werkes, das seit mehr als zwei Jahren vergriffen war, konnte mich nicht bestimmen, seinen angeblichen großen Mangel zu beheben, der dem Buche nach den Anschauungen verschiedener Kritiker anhaftet, weil ich das Wesen und den Wert des naturwissenschaftlichen Unterrichts in der von ihm ausgelösten „formalen" Geistesschulung gesucht, ja, wie die Kritiker glaubten, übermäßig betont habe. In der „Schweizerischen Pädagogischen Wochenschrift" (1915, Heft 2) erklärt D. A. F., daß über der formalen Bildung der Inhalt jedes Studiengebietes als höchster Bildungswert stehe. Mein sehr verehrter Fachkollege H. Wieleitner beanstandet, daß ich von den „Kenntniswerten" kaum spreche, ja daß ich „von ihnen gar nichts wissen wolle, und für diejenigen, die eine gewisse „allgemeine Übersicht" (scil. in allen Naturwissenschaften!) an den höheren Schulen vermitteln wollen, harte Worte finde (Jahresbericht des Deutschen Mathematischen Vereins. 1915). Wieder ein Dritter, Dr. A. Müller-Bonn (im Pharus, 1915) beanstandet, daß ich die spezifischen Werte des naturwissenschaftlichen Unterrichts nicht genügend herausgestellt hätte, daß meine Forderungen zu sehr vom wissenschaftlichen Betrieb der Naturwissenschaften an den Universitäten beeinflußt wären, und daß sie zu stark auf geistige Arbeit und zu wenig auf die Lebensführung eingestellt seien.

In der „Physikalischen Zeitschrift" (April 1916) bemerkt ein Herr Behrendsen, daß mich die Furcht vor der „Seuche des Encyklopädismus" zu einem ganz extremen Standpunkt verleitet hätte, der in der „Verneinung des Erwerbs positiver Kenntnisse überhaupt" gipfele.

Ich könnte die Beispiele noch erheblich vermehren. Aber diese Beanstandungen treffen mich nicht, und so konnten sie mich auch nicht veranlassen, Wesentliches am Buche zu ändern. Ich habe nur da und dort einige Ergänzungen vorgenommen. Statt aller Antwort stelle ich hier nur einige Fragen:

1. Kann man formale geistige Schulung unter „Verneinung des Erwerbs positiver Kenntnisse", also sozusagen im luftleeren Raum vornehmen oder nicht?

2. Zeigen die im Anhange gegebenen zwei Lehrplan-Beispiele, daß auch nach meinen Forderungen der Stoff eine Rolle spielt oder zeigen sie es nicht?

3. Ist der Besitz umfangreicher Kenntnisse ein konstitutives Merkmal der „Bildung" oder nur ein konsekutives?

Ich überlasse die Antwort den erwähnten Kritikern. In meinem Buche „Theorie der Bildung" (1926, B. G. Teubner, Leipzig) habe ich ausführlich zu diesen Fragen Stellung genommen.

Viel wertvoller waren mir die Erinnerungen und Einwendungen, die mein hochverehrter Freund Ernst Goldbeck im „Sokrates" (März 1916). erhoben hat, vor allem da, wo er hervorhebt, daß die logische Struktur eines fremdsprachlichen Textes und das logische Verfahren seiner Auslegung einen prinzipiellen Unterschied aufweist gegenüber der kausalen Struktur eines Naturvorganges (Gesetzes) und der logischen Struktur seiner Erklärung. Diesen Unterschied hätte ich nicht genügend beachtet und aus dieser Unterlassung habe sich die scheinbare Identität der Denkoperationen in beiden Fällen ergeben. Darin liegt ein berechtigter Vorhalt. Ich habe den Unterschied zwar nicht unbeachtet gelassen, insofern ich auf die Unterscheidung aufmerksam machte, die schon E. Mach getroffen hat, da er auf den Unterschied der Anpassung der Gedanken untereinander einerseits und der Anpassung der Gedanken an die Tatsachen anderseits hinwies. Aber ich bin nicht weiter darauf eingegangen und habe auch in der neuen Auflage darauf verzichtet. Denn man müßte einen weiten Gang in die Methodologie der Wissenschaften unternehmen, um auf die hier aufsteigenden Fragen einwandfreie Antworten zu geben. Das hätte aber den Inhalt des Buches nicht nur erheblich erweitert, sondern auch dem Buche ein anderes Gesicht gegeben. Ich bin auch recht zweifelhaft, ob ich dieser Untersuchung gewachsen bin. Denn ich kenne aus eingehenden Studien und Versuchen die großen Schwierigkeiten, die einer Lehre von den immanenten Bildungswerten jeder einzelnen Wissenschaft wie der Kulturgüter überhaupt entgegenstehen. Im vorliegenden Buche kam es mir aber nur darauf an, die Gleichartigkeit (nicht die Identität) des allgemeinen logischen Verfahrens in den Übersetzungsübungen und in den naturwissenschaftlichen Übungen aufzudecken, eine Gleichartigkeit, auf die ich durch die Analyse des Denkprozeßes aufmerksam wurde, die einst Th. H. Huxley und neuerdings in sehr eingehender Weise John Dewey vorgenommen hat.

So geht das Buch zum dritten Male hinaus mit dem alten Wunsche, der „Seuche des Überblickes" jene Grenzen zu stecken, die den „Stoffhubern" so unangebracht zu sein scheinen.

München, Weinachten 1927.

GEORG KERSCHENSTEINER.

VORWORT ZUR ERSTEN AUFLAGE

Die in diesem Buche vorgelegte Untersuchung hat sich zwangsmäßig in mir aus einem Vortrage entwickelt, den ich auf Einladung des Ortsausschusses zu Pfingsten 1913 gelegentlich der 22. Hauptversammlung des Vereins zur Förderung des mathematischen und naturwissenschaftlichen Unterrichtes zu München zu halten hatte. Sie geht darauf aus, Werte zu ermitteln. Wir alle kennen die uralten und immer wiederkehrenden und nicht bloß rhetorischen Schlachten, die um geistiger Werte willen geschlagen werden, nicht nur auf dem Felde des öffentlichen Unterrichtes, sondern in allen Kulturbereichen. Je unsicherer die Unbedingtheit oder doch die allgemeine Gültigkeit eines Wertes ist, je mehr subjektive Schätzungen und Maßstäbe zugelassen werden, desto leidenschaftlicher toben die Schlachten, desto weniger Aussicht ist auf einen Friedensschluß.

Es lag mir daher daran, in dieser Untersuchung lediglich auf die notwendigen und allgemeingültigen Werte auszuschauen, die uns nur eine kritische Methode der Untersuchung bestätigen kann. Aus dieser Absicht heraus ist es wohl begreiflich, daß ich eine Gruppe von Werten aus meinen Betrachtungen vollständig ausgeschlossen habe, die Kenntniswerte. Es ist ein Kennzeichen für die Oberflächlichkeit vieler unsrer sogenannten Gebildeten in der Beurteilung von Unterrichtsorganisationen, daß sie nicht satt werden in dem Ruf nach Wissensmassen. In den Lehrplänen unserer Schulen spiegelt sich deutlich diese ganze Oberflächlichkeit ab, eben weil jeder Vertreter irgendeiner Wissenschaft erklärt, daß von dem, was er selbst lehrt, der Schüler unbedingt „einiges wissen" müsse, wenn er Anspruch auf einen „Gebildeten" machen wolle. Ich kann nicht sagen, wie ich diesen Schlachtruf hasse. Denn er allein ist es, der uns beständig hindert, die wahren Werte des Unterrichtes auszulösen.

Aber gibt es denn überhaupt wahre Werte, allgemeine und notwendige Werte, absolute Werte? Ich glaube, ja. Ich glaube, daß z. B. das „Denken" ein solcher Wert ist. Cogito, ergo sum. Das war der Ausgangspunkt der Descartesschen Philosophie. Es war mir unmöglich, auf den Nachweis, daß es sich hier um einen absoluten Wert handelt, in meiner Untersuchung einzugehen. Ich bin vielmehr stillschweigend von der Evidenz dieses Wertes ausgegangen.

Wenn aber Denken nicht bloß ein absoluter,

sondern auch ein sehr hoher absoluter Wert ist, dann müssen zweifellos jene Unterrichtsgebiete, die im Schüler diese Fähigkeit des Denkens am stärksten entwickeln, welche zur geistigen Zucht oder, wie das alte Schlagwort heißt, zur formalen Bildung am meisten beitragen, am sorgfältigsten gepflegt werden.

Man wird nun sagen: Dazu braucht man kein neues Buch, um den hervorragenden Wert der Naturwissenschaften für die formale Bildung nachzuweisen. Das ist längst geschehen. Wäre das wirklich der Fall, so hätte ich auch dieses Buch nicht geschrieben. Aber daß es nicht der Fall ist, beweist schon der Umstand hinreichend, daß heute noch die besten der klassischen Philologen die beste Schulung des subjektiven Denkverfahrens vor allem für ihr Unterrichtsgebiet in Anspruch nehmen. Diesen Anspruch kann man nicht damit abweisen, daß man ihn ignoriert. Ein solcher Streit kann nicht durch Gefühle entschieden werden; er verlangt eine streng wissenschaftliche Untersuchung, die dann zugleich notwendigerweise sowohl auf das Wesen des philologischen Unterrichtes, als auch des naturwissenschaftlichen Unterrichtes oder eines andern eingehen muß. Läge bis heute eine solche streng wissenschaftliche Untersuchung vor, so wäre nicht einzusehen, wieso im Hinblick auf das logische Denkverfahren der Streit „hie Philologie, hie Naturwissenschaft" heute noch immer weitertoben könnte unter Menschen, welche behaupten, daß sie denken gelernt haben.

Indem nun diese Untersuchung den Streit zum Austrag bringen will, führt sie naturgemäß auch zur Betrachtung andrer Werte, auf die ich hier im Vorwort nicht weiter eingehen will. Ob die Werte im öffentlichen Unterrichte in die Erscheinung treten, ist eine ganz andere Frage. Daß sie es vielfach nicht tun, ist eine Tatsache. Darum mußte die Untersuchung auch notwendigerweise dahin weitergeführt werden, zu erforschen, warum sie es nicht tun. Bei dieser Untersuchung werde ich indessen nur auf zwei Gruppen von Ursachen eingehen, auf das Objekt der Erziehung, den Schüler, und auf das Mittel der Erziehung, den Unterricht. Nicht aber, oder richtiger gesagt nur nebenher (vgl. Kap. VII), gehe ich auf die dritte Hauptgruppe ein, auf den Erzieher selbst, auf den Lehrer der öffentlichen Schulen. Man vergißt bei aller Kritik gewöhnlich eines vollkommen, daß nämlich keine Klasse aus gleichmäßig interessierten Schülern zusammengesetzt ist, ja daß namentlich in den unteren Klassen ausgesprochene Interessen für gewisse Unterrichtsgebiete, die ein notwendiger Bestandteil des Bildungsprogramms der Anstalt sind, überhaupt nicht herrschen. Hätten wir in bezug auf positive geistige Interessen in jeder Klasse ein durchaus gleichgerichtetes Schülermaterial vor uns, so würden sehr viele Qualitäten der Lehrpersönlichkeit eine relativ geringe Rolle spielen. Vielleicht wäre die einzige Forderung vollständig hinreichend, daß sie nach Art einer soliden, dem jeweiligen Unterrichtszweck angepaßten Hilfsmaschine funktioniert, die den Rohstoff für die geistige Verarbeitung durch die Schüler wohl vorbereitet darbietet. Wir sehen es ja häufig genug am Universitätsunterricht, daß ein langweiliger, pedantischer, mit allen möglichen Schwächen behafteter, aber streng wissenschaftlich und methodisch arbeitender Gelehrter, der irgendein Spezialkolleg liest, das nur von Interessenten besucht wird, durchaus erfreulich für diese seine Schüler wirkt. Aber dieser Fall ist an neunklassigen Mittelschulen, vollends aber in den Volksschulen überhaupt nicht gegeben. Diese Schulen verlangen nicht bloß Lehrer, die ihren Stoff beherrschen, nicht bloß technisch einwandfreie Phonographen, sondern sie verlangen lebendige, sprühende, glühende, heitere Menschen, Künstler, die den Augenblick gestalten können, den der Unterricht bringt, Erzieher, die auch dort zu fesseln wissen, wo sich der Zögling zunächst gleichgültig oder ablehnend gegen den Stoff verhält.

Man sagt, daß unter den philologischen Lehrern so viele sind, welche auf diese Eigenschaften nicht Anspruch machen können, und das mache gerade diese Lehrer selbst zum Totengräber der glänzenden Unterrichtsorganisation des humanistischen Gymnasiums. Aber warten wir doch ab! Sind erst einmal die humanistischen Gymnasien dank dem Ansturm der Gegner, dank der Unfähigkeit und Mutlosigkeit der Freunde und Vertreter vom Erdboden verschwunden, sind alle Bildungsstätten nur mehr realistische Anstalten geworden, wie das beispielsweise heute in Schweden der Fall ist, dann werden, eben weil mit den Gymnasien nicht auch die wahren Ursachen des Mißerfolges verschwunden sind, die Erinnyen mit noch schärferer Geißel und jedenfalls mit der gleichen Hartnäckigkeit auch die realistischen Lehranstalten verfolgen und die Lehrer werden wie beim humanistischen Gymnasium mit ihren Anstalten zugleich zugunsten neuer Unterrichtseinrichtungen unter den Trümmern begraben werden. Und dieses Schauspiel wird sich fortsetzen, bis endlich einmal die Menschen so einsichtig werden, daß eine gewisse Menge von Wissen allein, ja nicht einmal das Denken und wissenschaftliche Können allein Lehrer der höheren Schulen macht, daß die Qualifikation zum wirklichen Lehrer nicht bloß durch ein Examen erworben werden kann, das seine Finger nur auf den Kopf des Kandidaten legt, sondern das auch Herz und Nieren prüft. Dann werden unsre Universitäten vollständig andre Einrichtungen benötigen, als sie heute besitzen, die Lehrer des höheren Lehramts auszubilden, und sie werden nicht mehr in hochmütiger Verachtung alles dessen, was Pädagogik heißt, sich ergehen können. Ob diese Zeit für Deutscland kommen wird, weiß ich nicht. Vielleicht werden die Departments of Education, die heute einen wesentlichen Bestandteil und eine Zierde der besten und ältesten Universitäten der Vereinigten Staaten bilden, unsern deutschen Unterrichtsministerien und unsern zünftigen Fakultäten noch einiges lehren. Gewiß, völlig zufriedenstellend läßt sich dieser Aufgabenkreis niemals lösen. Die hervorragende Lehrerbegabung (nicht Lehrbegabung) ist genau ebenso häufig und ebenso selten wie jede andre hervorragende künstlerische Begabung. Aber so weit könnten wir kommen, daß die öffentlichen Einrichtungen, welche der Gesellschaft die Lehrer und Erzieher der höheren Schulen liefern, es nicht wie bisher auf den Zufall ankommen lassen, ob der Kandidat neben der wissenschaftlichen Befähigung auch die wahrhaft menschlichen Qualitäten zum Lehrer und Erzieher hat.

Im übrigen wünsche ich dem Buche mehr kritische als geneigte Leser. Ich verzichte gerne auf jede Neigung und Anerkennung ohne Kritik. Es ist bis heute so viel geschwätzt worden über Bildungswerte, daß wir uns wirklich einmal Mühe geben dürfen, über bloße Neigungs- und Gefühlsurteile hinauszukommen. Man wird zwar den Bildungsschwätzern niemals beikommen können. Aber diejenigen, welche die großen Erziehungsprobleme ernstnehmen, Probleme, die mindestens ebenso wichtig sind wie Luftschiff- und Dreadnought-Bauten, Maschinen- und Verkehrslinienanlagen, Zoll- und Finanzfragen, sollte wenigstens ein heißes und auch gegen Freunde rücksichtslos ehrliches Bestreben vereinigen, objektive Klarheit zu schaffen. Ich bin mein ganzes Leben lang jedem ehrlichen Tadler, von dem ich Wertvolles gelernt habe, dankbarer gewesen als einem Lober, der immer nur bereitwillig das Weihrauchgefäß geschwungen hat. Wenn meine naturwissenschaftlichen Kollegen nicht ganz befriedigt sein sollten von dem Ergebnis der vorliegenden Untersuchung, so bitte ich das Buch mit gleicher Sachlichkeit zu kritisieren, wie ich mich bemüht habe, es zu schreiben. Ein langes Leben lang war ich ein eifriger Vorkämpfer des mathematischen und naturwissenschaftlichen Unterrichtes und werde dieser meiner Liebe aus reiner Erkenntnis heraus den Rest meines Lebens treu bleiben. Aber gerade die vorliegende Untersuchung hat mich über die Grenzen der Leistungsfähigkeit des naturwissenschaftlichen Unterrichtes mehr belehrt als die meisten der dicken und dünnen Werke, die gegenwärtig auf dem Ozean der naturwissenschaftlichen Didaktik schwimmen, und ich kann diese Grenzen nicht um der schönen Augen meiner Liebe willen verwischen. Wenn andernteils die philologischen Kollegen etwa unerwarteterweise in diesem Buche einen Beweis finden, welcher den Wert des Studiums der klassischen Sprachen für die Ausbildung des logischen Denkverfahrens unverbrüchlich festlegt, wenn sie und wir andern zugleich an Hand der Beweisführung erkennen, daß die gründliche Beschäftigung mit den Werken des klassischen Altertums unter der Führung eines Menschen (nicht Schulmeisters) wie kaum etwas andres geeignet ist, unsern Schülern die Fundamentaltugenden anzugewöhnen, die in dem alten Imperativ des Epicharmos „*νῆφε καὶ μέμνασ' ἀπιστεῖν*, sei nüchtern und lerne zweifeln“ (Epicharmos bei Lukianos Hermot. 47), gefordert werden, einem Imperativ, den ich weit mehr auf das gerichtet wissen will, was wir selbst zu behaupten im Begriffe sind, als auf das, was die andern behaupten, — wenn, sage ich, sie diese Wirkung erkennen werden, dann mögen auch sie nicht in dem Siegestaumel schwelgen, daß sogar ein Mathematiker und Naturwissenschaftler nicht anders gekonnt hat als der Wahrheit Zeugnis zu geben. Sie mögen erst aufmerksam die folgenden Kapitel lesen, die von der ungeheuren Bedeutung der Eindeutigkeit der Begriffsbildung und der Einführung in das Wesen des Geistes der Gesetzmäßigkeit handeln, ehe sie nicht ohne sorgfältige Anwendung des eben angeführten Imperativs ihr abschließendes Urteil bilden. Vielleicht gelingt es auf diesem Wege, wenigstens die Vernünftigeren unter den Brüdern vom Erziehungsamt der Menschheit zusammenzuführen, damit nicht auch diese zur Verwirrung der Juristen und andrer Verwaltungs- und Schulkönige in Deutschland sich gegenseitig abschlachten. Das ist mein aufrichtigster Wunsch.

München, Weihnachten 1913.

GEORG KERSCHENSTEINER.

INHALTSVERZEICHNIS

I. ERKENNTNIS- UND ERZIEHUNGSWERTE DES UNTERRICHTS IM ALLGEMEINEN

Die Institutionen, welche wir Schulen nennen, sind durch den in allen organischen Entwicklungen sich geltend machenden Prozeß der Arbeitsteilung entstanden. Sie verdanken ihren Ursprung im allgemeinen der Absicht, dem heranwachsenden Geschlechte eine gewisse Menge von Kenntnissen oder Fertigkeiten, vor allem Lesen, Schreiben, Rechnen zu übermitteln, welche dem Kinde mitzugeben die Familie und das Haus nicht in der Lage sind. Sie hatten ursprünglich lediglich Unterrichtsaufgaben zu erfüllen. Im alten Griechenland wie im alten Ägypten wurden die elementaren Bedürfnisse nach solchen Kenntnissen und Fertigkeiten durch Privatlehrer befriedigt, die an Marktplätzen und offenen Straßen ihre Unterrichtsbuden aufschlugen. Die eigentliche Erziehung blieb Sache des Hauses oder war wie in Sparta durch besondere Staatseinrichtungen den Eltern abgenommen. Die *παιδαγωγοί*, die Pädagogen oder Knabenführer, waren Sklaven, die man zu keiner anderen Arbeit brauchen konnte als höchstens zur Überwachung der Lese- und Schreibarbeiten der Knaben.

Erst im Laufe der Kulturentwicklung mußten die Schulen auch gewisse Erziehungsaufgaben übernehmen. Aber noch im 18. Jahrhundert dachte man in Deutschland wenig daran, auch dem Unterrichte der Schule — abgesehen vom Religionsunterrichte — solche Erziehungsaufgaben zuzuweisen oder ihm erziehliche Wirkungen bewußt zuzuschreiben. Erst mit dem Erstarken der realistischen Richtung des deutschen Schulwesens wurde die humanistische Richtung, die in der Form des Neuhumanismus den Kampf gegen den Realismus aufnahm, der Erziehungswerte ihrer Unterrichtseinrichtungen klar bewußt und betonte vor allem den Wert der Beschäftigung mit Latein und Griechisch als einer einzigartigen geistigen Gymnastik, die den Schüler immer gewandter und sicherer macht im Gebrauch und in der Beherrschung der Denkprozesse. Aus der alten Lateinschule wurde das moderne „Gymnasium".

Zu Beginn des 19. Jahrhunderts nun prägte Herbart das Wort vom „erziehenden Unterricht". In seiner Einleitung zur Allgemeinen Pädagogik, Absatz 16 (Ausgabe von Sallwürk, 6. Auflage, Langensalza, Beyer & Söhne), die 1806 zum erstenmal erschien, schreibt er: „Ich gestehe gleich hier, keinen Begriff zu haben von Erziehung ohne Unterricht, so wie ich rückwärts, in dieser Schrift wenigstens, keinen Unterricht anerkenne, der nicht erzieht. Welche Künste und Geschicklichkeiten ein junger Mann um des bloßen Vorteils willen von irgendeinem Lehrmeister lernen mag, ist dem Erzieher an sich ebenso gleichgültig, als welche Farbe er zum Kleid wählt. Aber wie seine Gedankenkreise sich bestimmen, das ist dem Erzieher alles; denn aus Gedanken werden Empfindungen und daraus Grundsätze und Handlungsweisen."

Man sieht sofort, worauf Herbart mit seinem „erziehenden" Unterricht abzielt: auf die Ausbildung des Gedankenkreises. Er faßte nicht die Erziehungswerte ins Auge, die jeder ernsten Beschäftigung, jeder geistigen Arbeit auf einem bestimmten geschlossenen Wissensgebiete oder jeder körperlichen Arbeit in einer gewissen Technik von selbst anhaften, soferne nur die geistige Haltung des Arbeitenden auf restlose Vollendung des Werkes eingestellt ist. Seine Absicht war, den

Unterricht insgesamt so zu gestalten, daß der durch ihn erzeugte geschlossene Gedankenkreis einen dauernden Einfluß auf das Wollen und damit auf das Handeln des Zöglings erlange, daß der Wille des Zöglings durch diesen Gedankenkreis die Richtung auf das Sittliche erhalte. Dies drückt er noch deutlicher in der nämlichen Einleitung im Absatz 25 aus: „Eben dies führt mich dahin zurück, daß man nur dann die Erziehung in seiner Gewalt hat, wenn man einen großen und in seinen Teilen innigst verknüpften Gedankenkreis in die jugendliche Seele zu bringen weiß, der das Ungünstige der Umgebung zu überwiegen, das Günstige derselben in sich aufzulösen und mit sich zu vereinigen die Kraft besitzt." Ja, noch schärfer formuliert er es im 3. Buch des IV. Kapitels, II, Ziffer 21, wo er sagt: „Wer die hier angesponnenen Reflexionen (nämlich über den Einfluß des Gedankenkreises auf den Charakter) für sich fortführen will, der wird schwerlich umhin können, der Überzeugung zu werden: Die Bildung des Gedankenkreises ist der wesentlichste Teil der Erziehung."

Es ist bekannt, wie diese irrige Anschauung Herbarts als eine notwendige Folge seiner Psychologie sich ergab, die durch Vorstellungen und Gedanken den Willen nicht etwa bestimmen, sondern aus ihnen entstehen läßt, in der alles Wollen in Gedankenmassen wurzelt und daraus hervorwächst. Wie er zu dieser Annahme gekommen ist, erklärt sich aus seiner Philosophie, die statt des Kantschen „Dinges-an-sich" die „Realen" einführt, deren eines auch der Seele zugrunde liegt. Die Selbsterhaltung der Seele im Kampfe gegen das Zusammensein mit anderen „Realen" wird sodann bei ihm Vorstellung, womit eben die Vorstellung zur Grundfunktion des Seelenlebens erklärt wird. Es ist ebenso bekannt, zu welchen eigentümlichen Vorschlägen diese Auffassung vom „erziehenden Unterricht" in der Organisation des Unterrichtsbetriebes seiner Schüler Stoy, Ziller, Rein, Zillig usw. im Laufe des 19. Jahrhunderts vor allem im Volksschulunterricht geführt hat. Um einen solchen geschlossenen Gedankenkreis zu erzeugen, zertrümmerte man unter anderm eine ganze Reihe von in sich geschlossenen, eine natürliche Einheit bildenden Unterrichtsgebieten, paßte die einzelnen Stücke dem natürlichen Gange eines einzigen Unterrichtsgebietes an, nämlich jenes Unterrichtsgebietes, das den Kern des geschlossenen Gedankenkreises bilden sollte:

dem Gang des Religions- und Geschichtsunterrichtes, und gab diesem Zentralunterricht, der eben die Maximen der Gesinnung liefern mußte, aus denen alles Handeln bestimmt wurde, den Namen Gesinnungsunterricht. Vielleicht war dies, wenn es nicht übertrieben wurde, in den Unter- und Mittelklassen der Volksschule nicht bedenklich. Sobald aber wie in den Oberklassen nach „Fächern" gegliedert werden muß, die in sich eine geschlossene geistige Struktur besitzen, wie Geometrie, Geographie, Zoologie, Botanik, Physik kann zwar der zentrale, in genetischer Entwicklung fortschreitende Unterrichtsstoff, mit seinen methodisch geordneten Gedankenmassen zu einer seiner geistigen Struktur anhaftenden erziehlichen Wirkung führen. Aber die zertrümmerten, in ihren Trümmern um diesen Zentralstoff geordneten Unterrichtsgebiete, vor allem die Naturwissenschaften und die Geometrie, mußten gerade ihrer wesentlichen Bildungswerte beraubt werden.

In den höheren Schulen fand diese Bewegung keinen Eingang, obwohl die geistige Lage der Schüler ihrer vier Unterklassen die gleiche ist wie jene der vier oberen Klassen der Volksschule.

Zunächst hatte das humanistische Gymnasium von Haus aus zwar keinen geschlossenen Gedankenkreis im Herbartschen Sinne, wohl aber ein in sich geschlossenenes, gewissermaßen einheitliches Unterrichtsgebiet in der griechischen und lateinischen Literatur und in der Geschichte des klassischen Altertums. Ein Bedürfnis nach Vereinheitlichung des Lehrplanes war wenigstens in dieser Schule nicht gegeben. Ja es machte sich eher sogar die entgegengesetzte Tendenz geltend, den Bildungsstoffen der Gegenwart neben den Bildungsstoffen der Vergangenheit mehr Eingang in die alten Schulen zu verschaffen. Da aber, wo das Bedürfnis nach Vereinheitlichung wirklich vorhanden war und auch heute noch vorhanden ist, im Realgymnasium und in der Oberrealschule, da fesselten ganz andere als pädagogische Interessen die Gedanken der Streitenden — der Kampf um die Gleichberechtigung. Erst mittelbar, infolge des Kampfes um die Gleichberechtigung, waren die Streiter genötigt, auch ihrerseits nun nicht bloß die Bedürfnisse des modernen Lebens für ihre Forderungen in die Wagschale zu werfen, sondern auch die Gleichwertigkeit der rein erziehlichen Wirkung der neueren Sprachen und der Naturwissenschaften mit jener der alten Sprachen mit mehr oder weniger Geschick zu behaupten oder nachzuweisen. Dies geschah denn auch mit solchem Eifer und mit einer derartig glühenden Phantasie, daß kein einziger Unterrichtsgegenstand, der an den realistischen Lehranstalten sein Bürgerrecht gewonnen hatte oder gewinnen sollte, schließlich hinter den anderen in seinen Erziehungs- und Unterrichtswerten zurückstehen wollte, daß selbst das Zeichnen genau denselben Wert für geistige und moralische Schulung beanspruchte wie die Beschäftigung mit der Literatur der Griechen und Römer, ja daß es auf dem internationalen Kongreß zu London 1908 für Zeichen- und Kunstunterricht von einigen Zeichenaposteln geradezu als eine Wurzel der Geistes- und Charakterbildung geschildert wurde.

Die Wirkung dieses edlen Wettstreites war keine erfreuliche. Von Geschlossenheit des Gedankenkreises war in dem ganzen Streit niemals die Rede. Was kümmerte den einzelnen Fachvertreter das andere Fach; was brauchte es ihn überhaupt zu kümmern, wenn er selbst mit seinem Unterrichtsstoff alles leisten konnte? So wurden die Lehrpläne der Realanstalten immer üppiger und reicher, immer unübersichtlicher und zusammenhangsloser, immer anspruchsvoller in Stoffmassen und Unterrichtszeiten, immer bastardähnlicher, immer mehr — wie ich mich einst ausgedrückt habe — einem Mops-Pudel-Dachs-Pinscher vergleichbar, statt einem edlen Rassepferd vornehmer Bildung, das uns sicher durch das Leben zu tragen imstande wäre. (Siehe auch meinen Aufsatz: „Die fünf Fundamentalsätze für die Organisation höherer Schulen" in der Beilage Nr. 52 und 53 der „Allgemeinen Zeitung", oder auch mein Buch „Grundfragen der Schulorganisation, 4. Aufl., B. G. Teubner 1921.)

Der Kampf um die Gleichberechtigung ist ausgefochten. Er hat mit dem Sieg der beiden neueren Schulgattungen geendigt. Soll dieser Sieg aber ein Sieg der Kultur und nicht bloß des Schulehrgeizes sein, soll die Gleichberechtigung sich nicht bloß auf den geschriebenen Schein des Gesetzes, sondern auf den wahrhaft gleichen innern Wert dieser Schulen mit dem alten humanistischen Gymnasium stützen, dann muß vor allem die Frage gründlich untersucht werden, ob der Beschäftigung mit den Naturwissenschaften und den modernen Sprachen gleiche oder doch annähernd gleiche Erziehungswerte anhaften wie der Beschäftigung mit den alten Sprachen. Wenn alsdann die Untersuchung diese Frage bejahen sollte, dann bleibt die weitere Frage zu erledigen, wie diese Schulen organisiert werden müssen, damit nicht bloß die Unterrichts-, sondern auch die Erziehungswerte dieser Wissensgebiete zur vollen Entfaltung kommen; vor allem die Frage, wie die Lehrpläne dieser Schulen zu gestalten sind, damit sie nicht mehr wie die Malerpalette eines Kunstgewerbeschülers, sondern wie das Gemälde eines Meisters aussehen, damit sie nicht mehr das buntscheckige Wissen ausgeben, mit dem sie heute den Schüler behängen, sondern in der Arbeit auf einem großen geschlossenen Gebiete den Weg wirklicher Bildung für ihre Schüler suchen, wie es das humanistische Gymnasium heute noch überall da vermag, wo es im rechten Geiste geführt wird.

Denn darin stimme ich mit Herbart vollständig überein: Der gesamte Unterricht muß im Dienste der Charakterbildung stehen. Die Vielwisserei, mit der unsere höheren realistischen Schulen einen so bitteren Kampf zu führen haben, gibt weder eine geistige noch eine moralische Erziehung. Das war schon dem alten Heraklit klar, als er sagte: *πολυμαθίη νόον οὐ διδάσκει!*

Worin ich mich aber von ihm oder doch von seinen Schülern trenne, das ist, daß Willenserziehung nicht erst vom fertigen Gedankenkreis ausgeht, sondern vielmehr von der Arbeit, die mit der Erwerbung des geschlossenen Gedankenkreises verbunden ist; daß der geschlossene Gedankenkreis nicht den Willen erzeugt, sondern ihm eine Richtung gibt, ihn determiniert; daß selbst der determinierte Wille nicht notwendig ein entsprechendes Handeln auszulösen braucht; und endlich und vor allem, daß man einem bestimmten Unterrichtsgebiete oder auch dem Gesamtunterrichte nicht einen ganz bestimmten anderweitig normierten Erziehungszweck aufdrängen kann, sondern daß jedes Unterrichtsgebiet seine ihm innewohnenden Erziehungswerte selbst hat, welche auszulösen die Hauptsorge der Schule sein muß. Es ist etwas völlig andres, einer Unterrichtsdisziplin einen ihr nicht immanenten Erziehungswert absichtlich zuzuweisen, als den ihr notwendigerweise zukommenden Werten zur Wirkungsmöglichkeit zu verhelfen.

Im übrigen: wenn auch Herbart nirgend von den den einzelnen Unterrichtszweigen immanenten Erziehungswerten spricht, so war er doch weit davon entfernt, die Unterrichtsdisziplinen, um ihnen Erziehungswerte aufzudrängen, in das Prokrustesbett des Gesinnungsunterrichtes zu spannen. Dieser Ruhm gebührt ausschließlich seinen Nachfolgern. Herbart selbst weiß nichts davon. Weder in seiner „Allgemeinen Pädagogik, aus dem Zwecke der Erziehung abgeleitet“ aus dem Jahre 1806, noch in seinem „Umriß pädagogischer Vorlesungen“ aus den Jahren 1835 und 1841 kommt es ihm in den Sinn, eine so gewalttätige Konzentration des Unterrichtes vorzunehmen, wie es die „Herbartianer“ versucht haben. Im dritten Teile seines „Umrisses“, der im ersten Abschnitt ausschließlich den pädagogischen Bemerkungen zur Behandlung „besonderer“ Lehrgegenstände gewidmet ist, als welche er Religion, Geschichte, Mathematik, Naturlehre, Geographie, Deutsch, griechische und lateinische Sprache aufzählt, gibt er im wesentlichen Anweisungen, wie jeder einzelne Lehrgegenstand am besten methodisch behandelt werden kann. Nur von der Geographie sagt er, daß sie als „assoziierende“ Wissenschaft die Gelegenheit nützen soll, Verbindung unter mancherlei Kenntnissen, die nicht vereinzelt stehen dürfen, zu stiften (worauf sie meines Erachtens ohnehin angewiesen ist).

Auch in seiner „Idee zu einem pädagogischen Lehrplan für höhere Schulen“ vom Jahre 1801, die übrigens noch ganz unter dem Einflusse der ersichtlich recht eng begrenzten Erfahrung aus seiner Wirksamkeit als Hauslehrer steht, fällt es ihm nicht im geringsten ein, die zusammengehörigen Stoffmassen einer Unterrichtsdisziplin zu zerreißen, um den Unterricht in den Dienst der Charaktererziehung zu stellen. Im Gegenteil! Im 19. Absatz spricht er klar und deutlich eine andere Anschauung aus: „So wie die mannigfaltigen Studien, welche die alte Literatur befaßt, ein Ganzes ausmachen, dessen Mittelpunkt das Interesse des Menschen ist, so werden auch die Naturkenntnisse unter sich in ein ähnliches Ganze geordnet werden müssen (von dem er leider meint, es bedürfe einer enzyklopädischen Vollständigkeit, was wir später als eine sehr verhängnisvolle Forderung nachweisen werden), um das Interesse an der Natur zu gründen, mit welchem weiter das Interesse an der Mathematik in enger Verbindung steht."

Gerade das hat gegen das Ende des 19. Jahrhunderts meinen Kampf gegen die „Herbartianer" wachgerufen, daß sie die jedem Unterrichtsgebiete (außerhalb ihrer sogenannten Gesinnungsstoffe) immanenten Erziehungswerte entweder nicht sahen, oder für geringfügig hielten, oder überhaupt nicht anerkannten, oder für das Alter des sechs- bis vierzehnjährigen Volksschülers nicht gelten ließen, sondern vielmehr durch vollständige Zerreißung dieser natürlichen psychologischen wie logischen Einheiten sie um jeden Erziehungswert brachten. Insbesondere schienen mir die von mir damals längst aus eigener Lehrerfahrung bekannten Erziehungswerte des naturwissenschaftlichen Unterrichtes in größter Gefahr.

Es ist nun gar nicht meine Absicht, diesen Kampf zu erneuern. Es ist um so weniger nötig, als ich die Empfindung habe, daß der Begriff des „erziehlichen Unterrichts", wie er von den Herbartianern ausgestaltet wurde, als eines Unterrichts, dem um jeden Preis ganz bestimmte Erziehungstendenzen aufgeprägt werden, die seinem eigenen Wesen fremd sind, mehr und mehr der Vergangenheit angehört. Vor allem wird er niemals die höheren Schulen beunruhigen, geschweige denn sie beherrschen.

Meine Absicht und Aufgabe ist vielmehr, an der Hand eingehender theoretischer Untersuchungen zu zeigen, daß dem naturwissenschaftlichen Unterrichte ganz bestimmte Erziehungswerte anhaften, die ihm teils mit andern Unterrichtsdisziplinen gemeinsam, teils aber nur ihm allein eigentümlich sind; weiterhin aber auseinanderzusetzen, unter welchen Bedingungen diese Erziehungswerte einzig und allein in die Erscheinung treten.

Nun ist es gar nicht allzu lange her, daß man überhaupt von „Erziehungswerten" einer einzelnen Unterrichtsdisziplin spricht, abgesehen von dem sogenannten formalen Bildungswert der Mathematik, der Philosophie und der alten Sprachen, der, wie bereits erwähnt, schon zu den Zeiten des Neuhumanismus seine Anerkennung an den höheren deutschen Schulen fand.

Von einem Erziehungswert der Naturwissenschaften aber ist erst seit den fünfziger Jahren des vorigen Jahrhunderts die Rede. Als man mit dem Aufsteigen des Realismus die Naturwissenschaften in den Unterrichtsplan der höheren Schulen einfügte, war es in erster Linie das Nützlichkeitsprinzip, das dazu die Veranlassung gab. „Denn hier sind keine leeren Speculationes oder unnütze Subtilitäten," sagte Semler gelegentlich seiner 1708 bei Eröffnung der ersten Realschule gehaltenen Rede, „sondern es sind ipsissimae res; es sind Dei opera und solche Maschinen, welche in der Welt täglich und unaussprechlichen Nutzen haben. Der Augenschein wird zeigen, daß man nicht sowohl auf exotica und curiosa, als fürnehmlich auf quotidiana und necessaria gesehen und was praesentissimam utilitatem im Leben mit sich führte." (G. Budde, Die Pädagogik der preuß. höheren Knabenschulen. Langensalza, Hermann Beyer & Söhne, 1910, Bd. II, S. 4.)

Freilich wurde schon damals versucht, diesen Unterricht auch moralisch nützlich zu machen. Semler glaubte dies dadurch zu erreichen, daß er z. B. bei der Erklärung der Glashütten von der Zerbrechlichkeit und Vergänglichkeit alles Irdischen, bei der Betrachtung des Skeletts von der Notwendigkeit der Demut usw. sprach, Beispiele, die noch bis ins 20. Jahrhundert herein ihre Nachahmung finden. Fast das ganze 19. Jahrhundert hindurch verdanken die Naturwissenschaften nur dieser „Nützlichkeit" ihre Aufnahme in die Lehrpläne der Volks- und höheren Schulen, und selbst heute noch zeigen Stoffauswahl und Lehrbücher mehr oder weniger ausgeprägt die Ursprungsgeschichte des naturwissenschaftlichen Unterrichts. Das enzyklopädische Fieber aller naturwissenschaftlichen Lehrstoffpläne in den neunklassigen höheren Schulen, das selbst in vielen Volksschulen grassiert, zeigt zwar nicht mehr die hohe Temperatur vergangener Zeiten; aber niemand kann behaupten, daß die Doktoren der höheren Schulen es bis jetzt zum Verschwinden hätten bringen können. Solange aber dieses Fieber andauert, werden die Naturwissenschaften nie mit der logischen Schulung in Wettstreit treten können, welche sich aus der Beschäftigung mit den alten Sprachen ergibt. Ja, sie werden nicht einmal tiefgründige Erkenntniswerte, geschweige denn die übrigen weitgehenden Erziehungswerte, die gerade der eingehenden Beschäftigung mit den Naturwissenschaften eigentümlich sind, auszulösen imstande sein.

Nun ist es eine alte und hartnäckig bis in unsre Tage herein aufrechterhaltene Behauptung, daß kein Instrument besser geeignet sei für formale Bildung an unsern höheren Schulen als die Beschäftigung mit den alten Sprachen Latein und Griechisch. Da zweifellos die formale Bildung, oder — was in diesem besonderen Falle deutlicher ist — die Erziehung zum logischen Denken die wesentliche Aufgabe zwar nicht der höheren Schulen als einer großen Erziehungsorganisation, wohl aber des höheren Unterrichts als eines wesentlichen Teiles dieser Erziehungsorganisation ist und für alle Zeiten bleiben wird und bleiben muß, so würde es, falls dies nachgewiesen werden könnte, unverantwortlich sein, dieses Instrument mehr und mehr außer Gebrauch zu setzen. Was ich bis jetzt indes an Beweisen für diese Behauptung kennen gelernt habe in den Lehrbüchern der Didaktik für den höheren Unterricht, auf den Versammlungen der Philologen, hat für mich wenig überzeugende Kraft gewonnen. Dabei will ich aber nicht verschweigen, daß auch die gegenteiligen Behauptungen über den formalen Bildungswert der Naturwissenschaften nicht hinreichende Begründung fanden. Man mag Waitz, Paulsen oder Willmann oder irgendeinen andern bedeutenden Didaktiker über den Wert und die Bedeutung von Latein, Griechisch, Mathematik, Naturwissenschaften im Unterricht lesen, man wird zwar viele zutreffende Behauptungen finden, aber in vielen Fällen eine überzeugende Beweisführung vermissen.

Sieht man nur auf das Wesen dieser Wissenschaften an sich, abgesehen von ihrer Verwendung als Unterrichtsmittel in der Schule für zehn- bis neunzehnjährige Knaben und Mädchen, so wird man zunächst geneigt sein, die Behauptung aufzustellen: Je strenger eine Wissenschaft ist, eine desto stärkere Zucht wird die Beschäftigung mit ihr auf den Geist und Charakter desjenigen auszuüben vermögen, der sich mit ihr beschäftigt. Wenn sich diese geistige und moralische Zucht nicht gleichmäßig in allen übrigen Betätigungen der Forscher zeigt, so wird das andern Bedingungen in der komplexen Natur der Menschen zuzuschreiben sein. Zweifellos war es dieser Schluß, der schon die alten Griechen veranlaßte, in ihren Erziehungsplänen der Mathematik und Philosophie, vor allem der Logik, eine so hervorragende Stelle zu geben. Wenn von einer Beschäftigung mit fremden Sprachen dabei nicht die Rede war, so darf man daraus, wie das von so vielen oberflächlichen Bekämpfern dieses Unterrichtsmittels geschieht, noch nicht auf Minderwertigkeit dieses Erziehungsmittels schließen. Denn einen Hauptgrund für diese Erscheinung bildete wohl der Mangel einer wertvollen fremdländischen Literatur zu den Blütezeiten des Hellenentums. Schon die Erziehung des vornehmen Römers war ohne Studium der griechischen Sprache und Literatur nicht mehr denkbar. Der andre Hauptgrund dürfte wohl der gewesen sein, daß die griechische und erst recht später die römische Sprache für den Verkehr mit der damals bekannten Welt ausreichend war.

Der Mathematik und Logik am nächsten stehen heute, was geistige Strenge betrifft, Physik und Chemie. Man bezeichnete sie sogar bis vor wenigen Jahrzehnten zum Unterschied von Zoologie, Botanik und Mineralogie als exakte Naturwissenschaften. Mit der Umwandlung der beschreibenden Naturwissenschaften in die Wissenschaft der Biologie kann allerdings diese Unterscheidung nicht mehr aufrechterhalten werden, wenn auch die Strenge dieser Wissenschaften und vor allem der Aufbau ihrer Gesetze noch nicht entfernt so weit gediehen ist wie in Physik und Chemie.

Diesem Aufbau der Naturgesetze, diesem wohlgeordneten logischen System gegenüber stellt allerdings das Regelsystem irgendeiner Grammatik überhaupt keine Wissenschaft dar. Grammatik ist nur eine Sammlung von Regeln und Vorschriften, gemischt mit einer noch viel größeren Sammlung von Ausnahmen. Die Aneignung und Einordnung dieser Regel- und Ausnahmesammlung in den geistigen Besitz beansprucht in erster Linie das Gedächtnis, in sehr viel geringerem Maße den Verstand. Wer ein schlechtes Gedächtnis hat, vermag trotz guter logischer Fähigkeiten eine fremde Sprache bis zur völligen Beherrschung kaum zu lernen, während jemand mit sehr gutem

Gedächtnis und mäßigen logischen Fähigkeiten leicht eine moderne Fremdsprache lernt, wie viele der Millionen Auswanderer zeigen. Ja, selbst das Sprachsystem der alten Sprachen auf unsern humanistischen Gymnasien kann er, wie ich aus meiner Erfahrung als Lehrer einer solchen Schule weiß, wenn auch dürftig, bewältigen. Gerade umgekehrt müssen die Begabungen für das Eindringen in die exakten Naturwissenschaften liegen, wenn auch nicht zu leugnen ist, daß auch hier ein gutes Gedächtnis besser ist als ein schlechtes.

So scheint es auf den ersten Blick, als ob die Behauptung der alten Philologen geradezu umzukehren wäre. Aber das Wesen der logischen Schulung beruht eben nicht auf der Aneignung hier der Regelsysteme, dort der Gesetze, zumal schließlich auch die Naturgesetze, ja selbst die mathematischen Lehrsätze auswendig gelernt werden können und, wie uns allen die Erfahrung zeigt, auch oftmals mit geradezu borniertem Fleiße auswendig gelernt werden. Das Wesen der logischen Schulung zeigt sich in der A n w e n d u n g, im G e b r a u c h der t a u s e n d B e g r i f f e, die übermittelt werden. In der Anwendung der grammatikalischen Regeln auf die sprachlichen Probleme sind aber die gleichen „rationalen“

Geistesprozesse nötig wie in der Anwendung der strengen Gesetze der Naturwissenschaften auf Probleme der Forschung, des Wissens, der Technik des praktischen Lebens und der Rätsel der täglichen Erscheinungen. Das „Eindringen in den Geist der Klassiker“ nimmt durchaus den Schüler in keine geringere geistige Zucht als das Eindringen in den „Geist der Natur“. Ja, je eingehender ich das Problem in den letzten Monaten untersucht habe, desto mehr hat sich mir die Überzeugung aufgedrängt, daß der gesamte naturwissenschaftliche Unterricht einer weitgehenden Umwandlung bedarf, um die gleiche unendliche Fülle der Übungsaufgaben für logische Schulung zu liefern, wie sie sich spielend beim Übersetzen in eine fremde Sprache und aus ihr, wenigstens in eine der beiden alten klassischen Sprachen, einstellen.

Das liegt natürlich nicht im Wesen der Naturwissenschaften selbst, wie wir sofort sehen werden, sondern in dem noch unvollkommenen Verfahren des naturwissenschaftlichen Unterrichts, der völlig ungenügenden Zeit, die ihm bis jetzt zugewiesen ist, seinem bis heute noch angebeteten enzyklopädischen Verfahren und allerdings auch in der Notwendigkeit des sehr zeitraubenden induktiven Betriebes bei der Einführung in die mannigfachen Naturgesetze.

Wir dürfen dieses Eingeständnis um so leichter machen, als dem naturwissenschaftlichen Unterricht einige sehr bedeutsame andre Erziehungswerte zukommen, in bezug auf welche keine andere Unterrichtsdisziplin mit ihm wetteifern kann. Es hat eben, was so viel und so hartnäckig verkannt wird, jede Unterrichtsdisziplin nicht bloß ihre speziellen Erkenntniswerte, sondern auch ihre speziellen Erziehungswerte.

Über die speziellen Erkenntniswerte sind die Menschen leicht im klaren; sie liegen ja offen ausgebreitet im System der Anschauungen, Vorstellungen, Begriffe der betreffenden Wissenschaft vor Augen. Der einzige Irrtum, dem man hier allerdings oft in recht auffallender Weise begegnet, ist, daß die Erkenntnisse mit bloßen Kenntnissen verwechselt werden. Die Stoffüberladung unsrer Schulen ist eine Folge dieser verhängnisvollen Verwechslung. Erkenntnisse haben immer einen Wert, weil ihre Erwerbung mit schwerer geistiger Arbeit verbunden ist. Bloßer Kenntnisbesitz dagegen, den ein gutes Gedächtnis oft recht mühelos aufspeichert, kann recht wertlos sein, ja bisweilen nicht einmal die Zeit lohnen, die auf seinen Erwerb verwendet wurde. Wenn gleichwohl in bezug auf Kenntnis- und Erkenntniswerte schon die heftigsten Schulmeisterkriege entbrannt sind über die größere oder geringere Bedeutung dieser Kenntnis- und Erkenntniswerte für das praktische und moralische zukünftige Leben des Schülers, so hat das in den Welt- und Lebensanschauungen der Streiter seinen Grund. Ein ewiger Friede wird hier niemals einkehren, weil es sich hier immer um subjektive Wertordnungen handeln wird. Sowohl Thomas X. Huxley, in seinen Essays (Science and Education, London, Macmillan & Co., 1905) als Herbert Spencer in seinem Buche Education (Die Erziehung, auch übersetzt von Fr. Schulze, Jena, Mauke, 3. Aufl. 1889) haben wiederholt versucht, eine objektive Ordnung dieser Erkenntniswerte und damit eine Rangordnung der Unterrichtsdisziplinen herzustellen. Ich glaube, ein vergebliches Bemühen, solange die Auffassungen von Sinn und Wert des persönlichen wie des gemeinschaftlichen Lebens so verschieden sind.

Charakteristisch für diese Aussichtslosigkeit sind die Wertreihen, welche Otto Willmann einerseits (in seiner „Didaktik als Bildungslehre" 1895, Verlag Vieweg & Sohn, Braunschweig) und

Wilhelm Ostwald anderseits (in seiner „Philosophie der Werte“ 1913, Verlag Alfred Kröner, Leipzig) aufgestellt hat, zwei Gelehrte von anerkannter wissenschaftlicher Bedeutung, aber von entgegengesetzter Weltanschauung. Zwar gesteht Willmann (im I. Band, S. 408), daß die Naturwissenschaften wie im Leben so auch in der Bildung eine Macht geworden sind; zwar erkennt er an, daß auch die Schulen, welche für allgemeine Bildung zu sorgen haben, gewisse grundlegende „Kenntnisse“ des neuerschlossenen Gebietes zum Gemeingut machen müssen, nicht bloß wegen der Vorbereitung auf das ärztliche Studium, auf die Militärwissenschaften, auf das Geniewesen, sondern weil der Gebildete kein Fremdling sein dürfe in der Region des Lebens, welche die Naturforschung aufgebaut hat, weil er wenigstens den Schlüssel zu der Gedankenarbeit besitzen solle, welche in den wissenschaftlichen und technischen Errungenschaften niedergelegt ist, und für die Methoden Verständnis erwerben solle, welche dazu geführt haben. Aber im zweiten Band, wo er unter dem Titel „Schulkunde“ (Seite 516 bis 541) die Lehrplanfrage der allgemeinen Schulen bespricht, weist er nur den oberen Klassen der humanistischen Gymnasien etwas Physik zu. Dagegen läßt er es dahingestellt, ob außer den physikalischen Materien auch solche der Chemie hereingezogen werden können. Biologie nennt er hier überhaupt nicht, obwohl er gelegentlich der Besprechung der organisch-genetischen Gliederung der Lehrstoffe (Band II, Seite 261) wenigstens eine Seite dieses Unterrichtes zu würdigen weiß, wenn er auch glaubt, daß „die Weisungen des Ariostoteles hier auch heute noch die trefflichsten Fingerzeige für die Betrachtung des Lebens aus dem gestaltenden Stoff abgeben". Bei den Plänen der Real- und höheren Mädchenschulen vergißt Willmann überhaupt, dem naturkundlichen Unterricht einen Platz anzuweisen, wie er das für alle andern Fächer tut. Es ist ihm wohl nicht wichtig genug, auch nur, wie er an andrer Stelle sich ausdrückt (Band II, Seite 167), um „das Gemüt durch das stille Walten des Gesetzes in der Natur beruhigen und im Betrachten des Naturlebens den Geist von den intellektuellen Funktionen ausruhen zu lassen". Die Sprachwissenschaften nehmen bei ihm in allen Schulen — außer den Volksschulen, wo er den Religionsunterricht in das Zentrum stellt — die erste Stelle ein. Ganz entgegengesetzt vollzieht sich die Wertung bei Ostwald, allerdings auch noch in viel radikalerem Sinne. „Kein einziger von den zahlreichen großen und schöpferischen Männern," sagt Ostwald auf Seite 268 seines neuen Werkes, „denen wir die gegenwärtige Höhe deutscher Kultur verdanken, ist ein klassischer Philologe gewesen. Nietzsche hat als solcher angefangen. Es ist leicht nachzuweisen, daß das Verfehlte bei ihm von diesem Unglück seiner Jugendjahre herrührt. Ja, die Idee, daß unsere Kultur irgend etwas mit den Vertretern dieser Disziplin zu tun habe, kommt uns unwillkürlich komisch vor, weil jeder Deutsche ein ausreichend genaues Bild von der überaus weitgehenden Weltfremdheit und Unzulänglichkeit der Anschauungen hat, welche bei den Vertretern dieser Disziplin angetroffen werden." Solchen Anschauungen gemäß beginnen seine Wertreihen mit den naturwissenschaftlichen Kenntnissen und schließen bereits ab, noch ehe der Kenntnisbesitz der klassischen Philologie überhaupt erwähnt wird. Wenn auch Ostwald in diesem Extrem allein steht, ja, wenn es ihm vielleicht nicht einmal Ernst ist damit, so sieht man gerade aus diesem Beispiel und Gegenbeispiel, daß der Streit um die Kenntniswerte nie geschlichtet werden wird, solange es verschiedene Weltanschauungen gibt.

Sehr viel weniger Streit kann sich über die Erziehungswerte der verschiedenen Unterrichtsdisziplinen entwickeln, soweit sie sich aus ihrem inneren Wesen mit Hilfe der Methodenlehre der Logik ableiten lassen. Bei den meisten technischen Fächern liegen sie derart auf flacher Hand, daß überhaupt niemals ein Streit über ihren Erziehungswert entstehen kann. Bei den theoretischen Fächern aber kann eine sorgfältige Untersuchung der den betreffenden Wissenschaften inhärenten Anschauungs- und Denkprozesse die gemeinsamen und die speziellen Erziehungswerte unzweideutig aufdecken. Ob diese Erziehungswerte dann auch wirklich in unseren Schulen in die Erscheinung treten, das hängt von Bedingungen ab, die außerhalb des Wesens der betreffenden Wissenschaft liegen.

II. DAS WESEN DER GEISTIGEN ZUCHT

Nun ist unter allen Erziehungswerten, die gewissen Unterrichtsdisziplinen zugeschrieben werden, die Erziehung zum logischen Denken der am nächsten liegende Wert. Denn aller Unterricht hat es zunächst mit der Ausbildung des Vorstellungskreises zu tun, und diese Ausbildung ist ohne richtiges Denken nicht möglich. Für die höheren Schulen insbesondere ist die Erziehung zum logischen Denken eine der Hauptaufgaben ihres Unterrichts, wenn nicht *die* Hauptaufgabe. Denn für jeden, der sich den gelehrten Berufen widmen will, ist geistige Zucht das Haupt- und Grunderfordernis. Die strengen Gewohnheiten des logischen Denkens allein liefern das Werkzeug für seine Lebensarbeit. Wir haben selbst in unserm höheren öffentlichen Unterricht noch viel zu wenig Gewicht auf die Ausbildung dieses Werkzeuges gelegt, und viele aus unsern sogenannten gebildeten Kreisen, welche durch die höheren Schulen gelaufen sind, verstehen es nicht zu *handhaben*.

Es gilt noch heute trotz aller Schulentwicklung das Wort von Faraday, das er in seiner Rede über Erziehung vor dem Prince Consort in der Royal Institution ausgesprochen hat: „Gar viele", sagte er, „sind bereit, Schlüsse zu ziehen, die wenig oder keine Fähigheit haben, richtig zu urteilen; denn die Menschheit läßt die Denkweisen, welche zum Urteilen führen, fast gänzlich unentwickelt, und viele Entscheidungen fallen daher teils aus Unkenntnis, teils aus Voreingenommenheit infolge persönlichen Gefühls (passions) oder selbst auf Grund zufälliger Veranlassungen." (Vgl. auch K. T. Fischer, Der naturwissenschaftliche Unterricht in England, Teubner 1901, S. 35 und meine Ausführungen in Kap. V, S. 178 bis 180.)

Nun vollzieht sich alle Denktätigkeit in Wortbildern. Die Sprache ist das unentbehrliche Werkzeug des Denkens. Die Wortbilder aber sind die Symbole oder Etiketten der Begriffe. Damit ein Denken logisch verlaufen kann, müssen Sprachsymbol und Begriff eindeutig aufeinander bezogen werden können. Diese Eindeutigkeit des Begriffssymbols, mit dem die Denktätigkeit arbeitet, ist die erste und allgemeinste Eigenschaft des logischen Charakters dieser Denktätigkeit. Die Eindeutigkeit der mathematischen Begriffe und der sie darstellenden Worte oder Zeichen hat die Mathematik zum Paradebeispiel einer logisch aufgebauten Wissenschaft gemacht. Eine ähnliche eindeutige Bestimmtheit wohnt auch den meisten physikalischen und chemischen Begriffssymbolen inne, weshalb bis vor kurzem Physik und Chemie als die exakten Naturwissenschaften bezeichnet wurden. Wir werden später sehen, daß in dem unerbittlichen Zwang zu exakter Begriffsbildung und der damit verbundenen Nötigung zu einer unter allen Umständen präzisen Ausdrucksweise einer der großen Erziehungswerte von Mathematik, Physik und Chemie liegt, in der sie alle andern Unterrichtsdisziplinen unsrer niederen und höheren Schulen übertreffen. Vielleicht liegt sogar auf lange Zeit hinaus gerade in dieser Eigenschaft der Haupterziehungswert dieser Unterrichtsgebiete.

Zunächst vollzieht sich aber die Bildung der meisten Begriffe durch unbewußt verlaufende Assoziation, Apperzeption und psychologische Synthese (Komplikation Wundts, Assimilation der Herbartianer). An und mit den so gewonnenen „empirischen "Begriffen vollzieht sich der zweite Prozeß des Denkens, das Urteilen. Urteilen heißt, Begriffe, die zusammengehören oder zusammengehören können, aufeinander beziehen.

Wie der Begriff im Dienste der Urteilsbildung steht, so steht aber auch das Urteil im Dienste der Begriffsbildung. Wir sind durch das Urteilen imstande, nicht bloß den Begriff immer bestimmter und eindeutiger zu machen, sondern auch die Summe seiner Merkmale zu erweitern, also seinen Inhalt zu vertiefen. Wer vom rechtwinkligen Dreieck nichts weiter weiß, als daß einer seiner Winkel 90 Grad betragen muß, hat gewiß einen Begriff von ihm. Wer aber durch eine Reihe von Urteilen zur Erkenntnis des pythagoreischen Satzes gekommen ist, besitzt einen wesentlich erweiterten Begriff. Die meisten im gewöhnlichen Leben nötigen Begriffe entstehen durch die lebendige tägliche Erfahrung auf Grund von zufälligen Wahrnehmungen aller Art. Je nach der natürlichen Begabung des Menschen und je nach der Art seiner Interessen haben sie bald größere, bald geringere Richtigkeit, Klarheit, Solidität. Eine andre große Menge von Begriffen bildet sich aus der bloßen Mitteilung von Tatsachen. Unter dieser Gruppe, zu deren Erzeugung leider der heutige Schulbetrieb viel mehr beiträgt, als unbedingt nötig wäre, befinden sich fast alle ihrem inneren Werte nach armen, ja bedenklichen Begriffe. Denn diese Mitteilung ist selten einwandfrei genug; und selbst wenn sie es ist, wenn sie sich freihält von Oberflächlichkeit und schiefer Darstellung, dann fehlen diesen Begriffen im allgemeinen doch die mannigfaltigen mit ihm verknüpften Reaktionen und Verbindungen, welche die durch eigene Erfahrung erworbenen Begriffe auszeichnen. Die dritte und wertvollste Gruppe von Begriffen aber gewinnt der Mensch durch sorgfältige, aufmerksame und absichtlich vom Urteil gelenkte Beobachtungen. Sie vollziehen sich durch Konzentration der Aufmerksamkeit auf das Maßgebende einer Erscheinung unter Nichtbeachtung des Nebensächlichen, d. h. unter Abstrahierung vom Unwesentlichen, eine Konzentrierung, die selbst erst wieder durch langanhaltende Übung erworben werden muß.

Die rein logischen Operationen selbst liefern keine neuen Begriffe, und zwar weder die Deduktion, was schon Mill in seinem System der deduktiven und induktiven Logik uns klar zum Bewußtsein gebracht hat, noch aber auch die Induktion, wie Mach in seinem Werke Erkenntnis und Irrtum in aller Deutlichkeit uns zeigt. Daß die Deduktion uns keine neuen Wahrheiten liefert, wird heute allgemein anerkannt. Dem Obersatz eines Syllogismus kann eben so lange keine allgemeine Gültigkeit beigelegt werden, als nicht der aus ihm mit Hilfe eines Untersatzes gewonnene Schlußsatz schon von vornherein sichersteht. Daß aber auch durch die Induktion keine wirklich neuen Erkenntnisse gewonnen werden, ist heute noch nicht von allen Naturforschern zugegeben. Ich selbst war lange Zeit der Anschauung, daß die Quelle der synthetischen Urteile die Induktionsschlüsse sind, bis mir Machs Buch „Erkenntnis und Irrtum“ in die Hände kam. Seine Darlegungen (S. 303) sind so kurz und einleuchtend, daß ich mit Rücksicht auf die folgenden Untersuchungen mir nicht versagen kann, sie mit einigen Ergänzungen hier anzuführen.

Es seien C_1, C_2, C_3, . . . die Individuen einer Begriffsklasse B. Wir konstatieren, daß C_1 unter den Begriff A, C_2 unter den Begriff A, C_3 ebenso unter den Begriff A fällt, usw. In dem Falle, wo die untersuchten C_1, C_2, C_3 . . . den Umfang des Begriffes erschöpfen und sämtlich in die Sphäre A fallen, fällt auch B ganz in die Sphäre A. Es ist dies eine vollständige Induktion. In der vollständigen Induktion liegt also ebensowenig wie im Syllogismus eine Erweiterung unsrer Erkenntnis. Denn durch Zusammenziehung der Individualurteile in ein Klassenurteil gewinnt unsre Erkenntnis lediglich einen konziseren, kompendiöseren Ausdruck. Können wir nun nicht für alle C_1, C_2, C_3 ... den Nachweis erbringen, daß sie A sind, und schließen wir, ohne den Umfang von B erschöpft zu haben, dennoch: B ist A, so liegt eine unvollständige Induktion vor. Im letzten Falle hat aber der Schluß gar keine logische Berechtigung. Wenn Appelt (Theorie der Induktion, 1854), wie Mach zitiert, glaubte, daß jeder unvollständigen Induktion die a priori gegebene Kenntnis eines bestehenden allgemeinen Gesetzes (Kausalgesetzes) zugrunde liegt, so weist Mach mit Recht darauf hin, daß diese Kenntnis uns nichts hilft, ja ebenso leicht irre leiten als richtig führen kann, weil ja diese Kenntnis nichts über die Anwendung in besonderen Fällen aussagt. Ich werde später auf ein Beispiel hinweisen, wo eine über Jahrtausende sich erstreckende unvollständige Induktion, an der alle Physiologen gearbeitet haben, doch zu einem eklatanten Irrtum geführt hat. Wohl aber können wir durch die Macht der Assoziation, der Gewohnheit, uns psychisch zu der Erwartung gestimmt finden, daß alle C sich als A erweisen werden, und demnach auch B sich als A zeigen wird. Wir können im Interesse des intellektuellen Vorteils, des wissenschaftlichen oder praktischen

Erfolges wünschen, daß es so sei, und können instinktiv oder auch absichtlich methodologisch, in Voraussicht des möglichen oder wahrscheinlichen Erfolges versuchsweise annehmen, *B* sei *A*.

Die unvollständige Induktion antizipiert also eine Erweiterung der Erkenntnis, schließt aber damit die Gefahr des Irrtums ein und ist von vornherein bestimmt, erst auf die Probe gestellt, korrigiert oder ganz verworfen zu werden.

Gleichwohl ist die weitaus überwiegende Mehrzahl unsrer leichter zu gewinnenden allgemeinen Urteile durch unvollständige Induktionen gewonnen, mit all den Mängeln, die ihnen anhaften. Natürlich ist die Bildung dieser allgemeinen Urteile durch Induktion keine Angelegenheit, die sich im einzelnen Menschen allein vollzieht; alle Stände, alle Zeitgenossen, ja ganze Generationen und Völker arbeiten an der Befestigung und Korrektur solcher Induktionen. Für die Mathematik hat übrigens Jakob Bernoulli (Acta Eruditorum) eine schöne Methode gefunden, wie solche unvollständige Induktionen in vollständige verwandelt werden können. Ich darf den mathematisch gebildeten Leser nur an die Summenformel für die natürliche Zahlenreihe erinnern: $\sum_{0}^{n}(n) = \frac{n(n+1)}{2}$, wobei dann Bernou-lli zeigt, daß $\sum_{0}^{n}(n) + (n+1) \equiv \sum_{0}^{n+1}(n+1)$ $= \frac{(n+1)(n+2)}{2}$, was nichts andres heißt als, die Summenformel gilt für jedes beliebige n.

Syllogismus (und daher auch Schlußketten und Kettenschlüsse) sowie Induktionen tragen also nichts bei zu einer wirklich neuen Erkenntnis. Ihr Wert liegt auf einem andern Gebiete. „Sie sichern die Herstellung der Widerspruchslosigkeit zwischen unsern Erkenntnissen, legen deren Zusammenhänge klar, lenken unsere Aufmerksamkeit auf verschiedene Seiten der Einsicht und lehren uns dieselbe Einsicht in verschiedenen Formen wiedererkennen." Würden Syllogismen oder unvollständige Induktionen, also zwei rein logische Prozesse, neue Erkenntnis zu liefern imstande sein, so wäre das Forschen ein Kinderspiel; jedenfalls wäre nicht abzusehen, wieso die Aufdeckung der größten Erkenntnisse jahrtausendelang auf einen großen Forscher warten mußte, bis sie gelang.

Die Quelle der Erkenntnis bilden die intuitiven Vermutungen, welche zur Lösung von unerwarteten Fragen auftauchen, die uns die Beobachtung äußerer oder innerer Vorgänge auslöst, und die uns über die momentanen Schwierigkeiten hinweghelfen sollen. Welche psychischen Prozesse diese Vermutungen liefern, das ist hier nicht zu untersuchen. Ich will sie mit dem Sammelnamen „Scharfsinn" bezeichnen, ohne daß ich damit etwas andres gegeben haben will als ein uns geläufiges Wort, mit dem wir einen recht unbestimmten Inhalt verbinden. Dieser Scharfsinn ist es auch, der uns auf wertvolle Induktionsbegriffe hinführt, indem er eben die Merkmale der Individuen entdeckt, die eine neue Induktion zulassen. Daß uns aber dieser Scharfsinn nicht in die Irre führt, dazu dienen eben die logischen Prozesse, welche dann die gewaltige Arbeit haben, die Vermutungen auf ihre Richtigkeit zu untersuchen.

Nächst dem Scharfsinn ist es die Gewandtheit und Sicherheit in der Durchführung der logischen Prozesse und vor allem die Gewohnheit, die unerbittliche, die zur geistigen Notwendigkeit entwickelte Gewohnheit, durch nichts sich abhalten zu lassen, mit allen Mitteln der Logik die intuitiven Vermutungen zu prüfen, welche zu neuen Ergebnissen führen können. In dieser

Gewohnheit liegt ein wesentlicher Teil dessen, was wir geistige Zucht nennen. Derjenige Mensch, der unter allen Umständen und in jeder Lage gar nicht anders kann, als für jede Frage, die ihm der Beruf, das Amt, das Leben, der Verkehr, die eigene Entwicklung stellt, auf das sorgfältigste und gewissenhafteste die bestmögliche Antwort zu suchen, der besitzt geistige Zucht. Dieser Mensch existiert allerdings nicht; er ist ein Idealgebilde. Denn der Mensch ist eben kein kühler logischer Apparat, sondern ein warmes psychologisches Wesen, und das logische Denken ist nur ein besonderer Fall der psychologisch sich vollziehenden Prozesse, dessen ausnahmslose Folgerichtigkeit auch die beste Erziehung nicht erreichen kann.

Worin besteht nun aber dieses Durcharbeiten ausgedehnter Schlußreihen nach den Regeln der deduktiven und induktiven Logik? Gibt alles Urteilen und Schließen schon geistige Zucht? Offenbar nicht. Denn unsre Psyche kann gar nicht anders als Vorstellungen und Begriffe bilden, urteilen und schließen. Schon das zweijährige Kind knüpft seine Beziehungen zwischen Vorstellungen und Begriffen und spinnt in seiner Phantasie ausgedehnte Denkfäden. Wir sagen auch von keinem Erwachsenen, daß er denkt, wenn seine tägliche Beschäftigung im jahrzehntelang gewohnten Gedankenkreise verläuft, so daß sich aller Vorstellungsverlauf nahezu mechanisch vollzieht. Von einem Prozeß des Denkens reden wir erst, wenn Probleme den mechanischen Verlauf der Gedanken stören, wenn irgendeine Schwierigkeit zu lösen ist. Die Überwindung dieser Schwierigkeit, die Lösung des Problems bezeichnen wir mit „denken“ oder richtiger „nachdenken“.

Um den Verlauf des Nachdenkens näher kennen zu lernen, müssen wir den Prozeß in seine einzelnen Schritte zerlegen. Ich will diese Schritte zunächst an dem Beispiel einer Übersetzung aus einer fremden Sprache klarzulegen versuchen, wobei wir zugleich volle Klarheit über den Wert solcher Übersetzungen für die logische Erziehung gewinnen. Im nächsten Kapitel wollen wir dann die gleiche Untersuchung über den Verlauf der Denkprozesse an einer Aufgabe der Physik, der Chemie und der Botanik anstellen.

Wenn ich zunächst das Übersetzungsbeispiel aus einer alten Sprache, und zwar der griechischen, wähle, so geschieht das aus zwei Gründen: einmal, weil die alten Sprachen sowohl im grammatikalischen Aufbau als auch in ihren Wortbedeutungen sehr viel weiter von der deutschen

Sprache abstehen als irgendeine der europäischen modernen Sprachen (mit Ausnahme vielleicht der russischen), und dann, weil sie damit, wie sich noch deutlicher aus den Gegenbeispielen an modernen Sprachen zeigen wird, sehr viel mehr Gelegenheit zu logischen Übungen geben als die modernen Sprachen; dann aber auch, weil es in einer, wie ich annehme, den meisten weniger vertrauten Sprache sehr viel leichter wird, die Schwierigkeiten, welche ein Schüler zu überwinden hat, sofort mitzufühlen und deren Lösungen zu würdigen, als in einer uns vertrauten modernen Sprache.

Ich wähle zu diesem Zweck ein mir aus meiner Schülerzeit in Erinnerung gebliebenes Zitat aus Pindar, das sich bei Plato, Gorgias 484B (vgl. Schulausgabe von Deuschle und Cron, Teubner, Leipzig, 3. Aufl. 1876) findet, dessen grammatikalische Konstruktion keine Schwierigkeiten hat und dessen Wörter dem Sprachschatz des normalen Schülers jeder Prima geläufig sind. — Das Zitat lautet:

Νόμος ὁ πάντων βασιλεύς
θνατῶν τε καὶ ἀθανάτων
ἄγει δικαιῶν τὸ βιαιότατον
ὑπερτάτᾳ χειρί!

Der Schüler übersetzt zunächst nach längst gewohnten Vorschriften: *νόμος ἄγει*, das Gesetz führt, lenkt. Er frägt, wen führt es? Vielleicht *τὸ βιαιότατον*, das Gewaltsamste. Er läßt, falls er schon denken gelernt hat, die Vermutung in suspenso, zumal ihm der Dativ *ὑπερτάτᾳ χειρί*, mit übermächtiger Hand, zusammen mit dem bereits Übersetzten noch einen Sinn zu geben scheint: Das Gesetz lenkt das Gewaltsamste mit übermächtiger Hand. Möglich! Aber *δικαιῶν*, billigend, wieder ein Nominativ, der nur zum Subjekt gehören kann, verlangt auch einen Akkusativ: Wen oder was billigend? Das Gewaltsamste? Hat das bisher Übersetzte dann einen Sinn: Das Gesetz, das Gewaltsamste billigend, lenkt mit übermächtiger Hand? Kann das Gesetz das Gewaltsamste billigen? Neuer Zweifel. Darf ich dann *ἄγω* mit „führen", „lenken" übersetzen, wenn der Akkusativ fehlt? Der Schüler wählt: herrschen; denn wer mit übermächtiger Hand lenkt, der herrscht. Freilich warum steht dann nicht das geläufige *ἄρχειν*, sondern *ἄγειν*? Aber der Schüler akzeptiert einstweilen die Vermutung. Einen andern Nominativ im Satz: *βασιλεύς*, der König, hat er schon von vornherein nach alten Regeln als Apposition erkannt, die Genitive der zweiten Zeile: *θνατῶν καὶ ἀθανάτων*, der Sterblichen und Unsterblichen, hat er schon als zur Apposition gehörig erkannt. So steht nun die Übersetzung vor ihm: Das Gesetz, der König aller Sterblichen und Unsterblichen, herrscht, das Gewaltsamste billigend, mit übermächtiger Hand. Er prüft weiter. Ist das Gesetz der König aller Sterblichen und Unsterblichen? Aller Sterblichen vielleicht, aber aller Unsterblichen? Gibt es Gesetze, welche auch über die Unsterblichen herrschen? Großer Gedankenstrich! Menschliche Gesetze, welche über die Unsterblichen herrschen? Vielleicht sind die unsterblichen Dichter, Bildhauer, Maler gemeint? Auch über diese herrschen die menschlichen Gesetze. Aber dann hat doch der Gegensatz „Sterbliche" keinen Sinn. Denn auch die Dichter sind Sterbliche; unsterblich sind nur ihre Werke, ihre Namen, ihre Gedanken. Also sind doch die unsterblichen Götter gemeint. Aber über diese herrschen gewiß keine menschlichen Gesetze. Sobald dem Schüler dieser Gedanke kommt, steigt ihm eine neue Vermutung auf: Göttliche Gesetze. Den göttlichen Gesetzen müssen auch die Götter sich beugen. Aber, werden diese göttlichen Gesetze auch das Gewaltsamste billigen? Neuer, noch größerer Gedankenstrich! Einem scharfsinnigen Schüler wird möglicherweise der Gedanke kommen: Moralische Gesetze sind das gewiß nicht, die das Gewaltsamste billigen. Kommt dieser Gedanke, so bringt vielleicht die Ähnlichkeitsassoziation die vorläufig endgültige Lösung: Naturgesetze sind es; diese billigen auch das Gewaltsamste. Für sie gibt es keine Moral. Damit ist ein voller Sinn des Satzes gewonnen: „Das Gesetz der Natur, der König aller Sterblichen und Unsterblichen, herrscht, das Gewaltsamste billigend, mit allmächtiger Hand." Ein feines Sprachgefühl gibt dann dem Ausdruck die letzte Feile: „Das Gesetz der Natur, das über alle Sterblichen und Unsterblichen herrscht, waltet mit allmächtiger Hand, auch das Gewaltsamste billigend." Der letzte Schritt bleibt noch zu tun, die Prüfung des Gedankens durch den Zusammenhang des Zitates mit dem vorausgehenden und nachfolgenden Gedanken. Er findet gute Übereinstimmung mit dem unmittelbar Vorausgehenden, wo von jenen die Rede ist, die gemäß der Natur, ja nach den Gesetzen der Natur handeln und nicht nach den Gesetzen, welche die Menschen aufstellen (*'Αλλ', οἶμαι, οὗτοι κατὰ φύσιν ταῦτα πράττουσι, καὶ ναὶ μὰ Δία κατὰ νόμον γε τὸν τῆς φύσεως, οὐ μέντοι ἴσως κατὰ τοῦτον, ὃν ἡμεῖς τιθέμεθα πλάττοντες.* Sed hi secundum naturam ac per Iovem secundum naturae legem haec agunt, non tamen fortasse secundum legem eam, quam nobis fingimus. Plat. Opera ex Recensione R. B. Hirschigii, Vol. prim. Paris, Firmin Didot, 1873 Seite 483 und 484). Er vernimmt Kallikles, der unmittelbar vor dem Zitat den Starken preist, der alle unsre Vorschriften (*τὰ γράμματα,*), Zaubersprüche, Beschwörungsformeln und alle die widernatürlichen Gesetze (*καὶ νόμους τοὺς παρὰ φύσιν ἅπαντας*) verachtet und über den Haufen wirft. Er findet sodann im Nachsatz den Hinweis auf Herkules, der dem dreiköpfigen und dreileibigen Geryon, dem Sohn des Blitzes und der Flut, also einem Gott, die großen Rinderherden entführt, also eine höchst gewaltsame Tat vollführt, die Geryon über sich ergehen lassen muß. Und wenn der Schüler im Geist der griechischen Göttergeschichte denkt, so kommt ihm vielleicht der Gedanke an das Gesetz der alles beherrschenden griechischen *μοῖρα,* an das Schicksalsgesetz, dem Götter und Menschen sich beugen müssen.

Trotz all der Übereinstimmung bleibt ein Zweifel bestehen: *νόμος,* ganz ohne jeden Zusatz gebraucht, heißt schlechterdings nicht „Naturgesetz". *Νόμος* ist gerade, wie Kallikles unmittelbar vorher bemerkt, etwas *παρὰ φύσιν*, etwas gegen die Natur, und Kallikles selbst gibt dem *νόμος* ausdrücklich einen Zusatz *τῆς φύσεως*. Sollte Kallikles als echter Sophist absichtlich dem *νόμος* hier einen falschen Sinn unterschieben, um die Autorität des Pindar für seine dialektischen Kunststücke besser mißbrauchen zu können, um den Nachweis zu erbringen, daß die Natur selbst deutlich das Recht dem Besseren, d. h. in seinem Sinne dem Mächtigerem, Stärkeren zuweist? (*φύσις αὐτὴ ἀποφαίνει αὐτό, ὅτι δίκαιόν ἐστι τὸν ἀμείνω τοῦ χείρονος πλέον ἔχειν καὶ τὸν δυνατώτερον τοῦ ἀδυνατωτέρου.* Natura vero ipsa demonstrat aequum esse, ut praestantiores potentioresque plus habeant quam deteriores et inferiores, a. a. O., 483 d.) Handelt es sich also um ein Naturrecht des Starken im Sinne des Nietzeschen Herrenmenschen? Ein neues großes Fragezeigen ersteht damit. Die logische Durcharbeitung der neuen Vermutung liegt außer der Möglichkeit des Schülers. Denn das Gedicht Pindars, aus dem das Zitat genommen, ist verloren gegangen. Aber bei Herodot, worauf mich Otto Schroeder, der bekannte Pindarherausgeber, aufmerksam macht, findet sich ein ähnliches Zitat (III 38). Ebenso schwer wiegt seine Chrysippstelle, die, wie mir

Albert Rehm mitteilt, in Arnims Fragmenta Stoicorum III n. 314 überliefert ist (*ὁ νόμος πάντων ἐστὶ βασιλεὺς θείων τε καὶ ἀνθρωπίνων πραγμάτων* usw.). Und aus beiden geht hervor, daß in dem Pindarschen Zitat *νόμος* nicht mit Gesetz, noch weniger mit Naturgesetz, sondern am besten mit: Herkommen, Sitte, Brauch, Überlieferung usw. zu übersetzen ist. Damit beginnt von neuem die Untersuchung über den Sinn des Zitates. Indem man wie Otto Schroeder *ἄγει δικαιῶν* als bloße Umschreibung für *δικαίει* ansieht und also einfach mit „rechtfertigt" übersetzt, kommt man zu einem vielleicht einwandfreien und durch die Erfahrung leider so reichlich bestätigten Sinn des Zitates: „Der Brauch, dem sich Sterbliche und Unsterbliche beugen müssen, rechtfertigt mit übermächtiger Hand selbst die Greueltat." (Vgl. dazu auch die Abhandlung Otto Schroeders „*Νόμος ὁ πάντων βασιλεύς*" im „Philologus" Bd. LXXIV, Heft 3/4 und die Sitzungsberichte des philologischen Vereins zu Berlin im Jahre 1917, 8. Sitzung vom 17. September.)

Welch eine Fülle von geistiger Arbeit, von Vermutungen, Fragen, Untersuchungen, Prüfungen und Verifikationen!

Versuchen wir, den gelegentlich der Übersetzung dieses Satzes sich abspielenden Denkprozeß in seinen einzelnen Schritten festzulegen, so ergibt sich folgendes: Gegeben ist eine Tatsache, ein Satz, eine Gruppe zusammenhängender Wörter mit ihren Bedeutungen. Die Aufgabe des Schülers ist, den Sinn dieser im Satz gegebenen Wortbeziehungen zu ermitteln. Indem er die Aufgabe zu lösen versucht, stellen sich ihm Schwierigkeiten entgegen, die ihn selbst zum Fragen veranlassen. Dieses „ihn selbst zum Fragen veranlassen" ist einer der wichtigsten Momente im ganzen Prozesse. Veranlaßt ihn nichts zum Fragen, zwingt ihn nicht ein innerer Drang, eine selbst gefühlte Unklarheit, Fragen zu stellen, dann unterbleibt der ganze Denkprozeß. In einem Satze wie: „Vita dedit nil sine magno labore mortalibus" (Horaz, Sat. I 9, 59), wo Wort für Wort in eindeutige Beziehung mit dem deutschen Satze: „Das Leben gibt nichts ohne große Arbeit den Sterblichen" gesetzt werden kann, gibt es, was die Arbeit des Übersetzers betrifft, keine Probleme des allgemeinen logischen Denkens, nicht einmal Probleme des grammatikalischen Denkens, weil Schwierigkeiten irgendwelcher Art sich nicht einstellen.

Einen zweiten Akt des Denkprozesses leiten die Vermutungen für die Lösung der Schwierigkeiten ein. Von der Qualität der Vermutungen hängt die weitere Lösung ab. Für das Aufsteigen einer guten Qualität von Vermutungen kann zwar der Unterricht sorgen, aber nur in beschränktem Maße. Die grammatikalischen Regeln, der Wortschatz des Schülers, wobei insbesondere das Bewußtwerden der mehrfachen Bedeutungen und des Bedeutungswandels der einzelnen Wörter eine Rolle spielt, demgemäß aber auch vor allem das Lexikon, das ich als ein Nachschlagebuch für Vermutungen bezeichnen möchte, spielen eine hervorragende Rolle beim Herbeischleppen der Vermutungen. Aber sie bilden eigentlich nur die Vorrats- und Materialkammer der Vermutungen. Den eigentlichen Schlepper machen die auf Grund früherer Erfahrungen gewonnenen Assoziationen, die Aufmerksamkeit, mit welcher die Vorratskammer durchsucht wird, die durch tausendfältige Erziehung erworbene Fähigkeit der Konzentration, vor allem aber, und darin unterscheiden sich eben die guten von den schlechten Übersetzern, der angeborene Scharfsinn. Wo der letztere fehlt, da bleibt noch der Herr Souffleur übrig in der Gestalt des hilfsbereiten Lehrers. Soll aber das Souffiieren nicht sehr schädlich sein, so bedarf es einer besonderen Kunst, die ich das heuristische Unterrichtsverfahren nenne. Der Unterschied zwischen dem Intelligenten und Dummen liegt hauptsächlich im Betrag des Scharfsinnes, der die Vermutungen bringt.

Das allerwichtigste aber ist drittens, daß der Schüler nicht die nächstbesten Vermutungen, die in ihm aufsteigen, akzeptiert. Wer da den Spruch auf einer Rathausuhr: „Mors certa, hora incerta" mit den Worten übersetzt: „Es ist totsicher, daß die Uhr falsch geht", der hat seine Vermutungen zu rasch akzeptiert. Darin unterscheidet sich der geistig disziplinierte Schüler von dem undisziplinierten Schüler, daß er sich seinen eigenen Einfällen gegenüber sehr reserviert, zweifelnd verhält, während der letztere sich sofort auf jeden Einfall stürzt und ihn, glücklich darüber, daß ihm überhaupt etwas eingefallen ist, ruhig hinnimmt. Hätten alle Menschen die Gewohnheit, mit ihren Urteilen vorsichtig zu sein, so hätten Sophisten und Demagogen eine verflucht harte Arbeit. Diese Gewohnheit ist aber so sehr ein Produkt der intellektuellen Erziehung, daß sie ohne diese nicht einmal durch die bittersten Erfahrungen sich in genügendem Maße einstellt.

Aber mit dem bloßen Zweifeln an der Vermutung ist es nicht getan. Es gibt zweierlei Zweifel: einen, der alle Wahrheiten negiert, weil es angeblich überhaupt keine absolute Wahrheit gibt; einen andern aber, der sich selbst zu überwinden sucht. Dieser ist es nun, der zum dritten Schritt im Denkprozeß führt, zum vernunftgemäßen Prüfen der Vermutungen. Welche Folgerungen bringt die Vermutung für den Sinn eines Satzes, für die Erklärung einer Erscheinung mit sich? Diese Folgerungen zu entwickeln ist oft eine sehr mühsame Arbeit. Eine Summe von Selbstüberwindung, die nicht ohne langjährige sorgfältige Erziehung erworben wird, ein Summe von Wahrheitsliebe, ein starkes Interesse an der Lösung des Problems ist nötig. Ist das Gesetz oder Herkommen wirklich der König der Unsterblichen? Gibt es Gesetze oder Bräuche, welche über die Unsterblichen herrschen? Existieren Bräuche, die auch eine Greueltat rechtfertigen? Da, wie wir nachher sehen werden, die Mannigfaltigkeit brauchbarer Vermutungen bei Übersetzungen der alten Klassiker gewöhnlich viel größer ist als bei physikalischen oder chemischen Schülerübungen, da sie dort sozusagen mehr nebeneinander, hier aber hintereinander liegen, so liefern natürlich Übersetzungen meist ein sehr viel größeres Material zur Prüfung von Vermutungen. Darin liegt ein unzweifelhafter Vorzug des Unterrichts in den klassischen Sprachen, dem freilich in Physik und Chemie ein anderer gegenübersteht in der Sicherheit der Prüfung des Ergebnisses durch das Experiment und in der Ergründung objektiver Tatsachen und nicht, wie so oft beim Übersezten, in der Deutung subjektiver Meinungen.

Hat endlich der Schüler alle seine Vermutungen durchgeprüft und ist er dank seiner Beharrlichkeit, seines Wahrheitstriebes, seines Interesses zu einer ihn allseitig befriedigenden Lösung gekommen, dann bleibt der vierte und letzte Schritt zu machen: die Verifikation. Die gefundene Lösung, der entdeckte Sinn des Satzes, muß in den Zusammenhang der Gedanken passen, die im Schriftsteller vorher und nachher entwickelt werden. Die intellektuelle Beruhigung tritt erst dann ein, wenn keine Widersprüche mit dem Vorausgehenden und Nachfolgenden zu konstatieren sind, wenn der gefundene Gedanke ein wohlgefügtes Glied in der ganzen Kette der Gedanken ist, in welche der Schüler ihn eingereiht findet, wenn der neue Gedanke den früheren Gedanken angepaßt ist.

So sehen wir beim geistigen Prozesse des Übersetzens vier notwendige Denkoperationen, die zusammen das ausmachen, was man als logisches Denkverfahren bezeichnen kann:

a) Die aus dem Beobachten einer Tatsache sich selbst aufdrängenden Schwierigkeiten und Fragen für den Beobachter;

b) die vorläufigen Antworten, die gegeben werden, also die Vermutungen für die Lösung der Fragen;

c) die Verfolgung der vermuteten Lösungen mit Hilfe des Wissens an andern Tatsachen, an Regeln, an Gesetzen usw., durch Aufsuchen ihrer Konsequenzen für die Tatsache selbst und für ihre Beziehungen untereinander;

d) die Bestätigung oder Nichtbestätigung der endgültig akzeptierten Schlußfolgerung durch Zusammenstellung mit andern bekannten Tatsachen (Gedanken).

Alles wissenschaftliche Denken, erst recht das naturwissenschaftliche, wie wir nachher sehen werden, verläuft in dieser Weise. Thomas Huxley, nicht bloß ein ausgezeichneter Forscher, sondern auch ein vortrefflicher Verteidiger des Erziehungswertes alles naturwissenschaftlichen Unterrichtes, stellt bereits 1854 in seiner Rede über den Erziehungswert der Geschichte der Naturwissenschaften vier ähnliche Stufen aller wissenschaftlichen Methoden überhaupt fest. (Vgl. Collected Essays, Vol. III, Macmillan & Co., Seite 52.) Er verzeichnet: a) Die Beobachtung (observation), b) den Vergleich und die Einordnung (comparison and classification) mit ihrem entsprechenden Ergebnis an Vorschlägen (general propositions), c) die Ableitung (deduction), d) die Prüfung (verification).

Ich will die vier Stufen im Hinblick auf die logischen Prozesse, welche die Hauptrolle spielen, bezeichnen mit: Observation, Synthese, Analyse, Verifikation. Hätten wir für das Wort „Schließen" einen solchen Reichtum an Wörtern wie die englische Sprache mit so vortrefflichen Unterscheidungen, wie infering, reasoning, conclusion, wobei mit einem Worte das ungeprüfte Urteilen oder Schließen vom geprüften logischen Urteilen scharf auseinandergehalten ist, so könnte man die zweite und dritte Stufe noch unmittelbarer durch das Wort verständlich machen. In dem Werke des Philosophen John Dewey „How we think", dem ich gerade für diese Untersuchung so viel Anregung verdanke, und das in einer Übersetzung von mir bei B. G. Teubner erscheinen soll, ist die erste Stufe des Prozesses, wie mir scheint, mit gutem Recht, in zwei Stufen zerlegt. Denn, wie ich schon erwähnt habe: das Beobachten, Wahrnehmen allein führt durchaus noch zu keinem logischen Denkprozeß. Der Beobachter muß zu einer Frage geführt werden, für die man nicht sofort mechanisch oder durch fremde Hilfe eine endgültige Antwort bereit hat. Wir sind bei der Fülle der Eindrücke, die auf uns einstürmen, nur allzu leicht gewöhnt, über das Beobachtete uns keine Fragen vorzulegen, das meiste — wie sich die Menschen ausdrücken — selbstverständlich zu finden. Indes für den wirklich denkenden Menschen ist das Selbstverständliche eigentlich eine recht rare Erscheinung. Dem richtigen Beobachter drängen sich stets Fragen auf; für ihn gibt es stets etwas, worüber er „verwundert" ist, was ihn zum Nachdenken zwingt. Schon Plato (Theätet p. 155d) und Aristoteles (Metaphysik 983a, 12) haben erkannt, daß in der Fähigkeit, sich zu verwundern, das heißt Schwierigkeiten zu suchen, wo dem andern alles selbstverständlich scheint, der Anfang aller Philosophie zu suchen ist (*Θεόδωρος γὰρ, ὦ φίλε, φαίνεται οὐ κακῶς τοπάζειν περὶ τῆς φύσεως σοῦ. μάλα γὰρ φιλοσόφου τοῦτο τὸ πάθος, τὸ θαυμάζειν. οὐ γὰρ ἄλλη ἀρχὴ φιλοσοφίας ἢ αὕτη καὶ ἔοικεν ὁ τὴν Ἶριν Θαύμαντος ἔκγονον φήσας οὐ κακῶς γενεαλογεῖν,* Theätet p. 155d. Theodorus, amice, non male de tuo ingenio coniectasse videtur; maxime enim philosophis hoc usu venit (usu venit = begegnet notwendigerweise), ut admirentur; non enim aliud praeter hoc est philosophiae principium et qui Irim Thaumantis (id est, admirationis) filiam esse tradidit, non absurde originem eius explicuisse videtur, a. a. O. p. 155 d Kap. XI).

Dewey unterscheidet demnach fünf Stufen im Prozeß des logischen Denkens:

a) Beobachtungen, die eine Schwierigkeit in der Deutung unmittelbar empfinden lassen;

b) die nähere Umgrenzung und Feststellung der Schwierigkeiten;

c) die Vermutung einer möglichen Lösung (the inference);

d) die vernunftgemäße Entwicklung (the reasoning) der Konsequenzen der Vermutung;

e) weitere Beobachtungen für ihre Annahme oder Ablehnung und damit Abschluß (conclusion) des Prozesses.

Angesichts der eben abgeschlossenen Untersuchung über den Verlauf des Denkprozesses beim Übersetzen eines griechischen Klassikers muß es im hohen Grade auffallend erscheinen, wenn von einigen der Beschäftigung mit fremden Sprachen nicht bloß etwa ein geringerer Wert für die geistige Zucht der Jugend beigelegt, sondern wenn ihr sogar jeder formale Bildungswert überhaupt abgesprochen wird. Eine Erklärung hierfür kann ich nur darin finden, daß das Augenmerk der so Urteilenden auf die namentlich in den neueren Sprachen überaus zahlreichen, aber auch in den alten Sprachen vor dem Beginn des Studiums von Äschylos, Sophokles Euripides, Plato, Thukydides, Sallust, Livius, Tacitus, Cicero und Horaz häufigen Fälle gerichtet ist, wo Übersetzen nichts andres heißt, als einer Reihe von Wortbildern mit Hilfe auswendig gelernter Bedeutungen eine zweite Reihe eindeutig zuzuordnen, wo also lediglich das Gedächtnis in Funktion tritt. Ich will ein recht auffallendes Beispiel dieser Art hierher setzen:

"Cowards die many times before their deaths;
The valiant never taste of death but once.
Of all the wonders that I yet have heard,
It seems to me most strange, that men should fear
Seeing that death, a necessary end,
Will come when it will come."

(Shakespeare, Julius Cesar, Akt II, Szene 2.)

Die primitivsten Kenntnisse der englischen Sprache genügen, um folgende Übersetzung herzustellen, in der Zeile für Zeile den 46 englischen Wörtern ebenso viele deutsche Wörter (selbst einschließlich der deutschen Artikel und Partikel) eindeutig zugeordnet sind:

„Feige sterben oftmal vor ihrem Tod;
Die Tapferen niemals kosten vom Tode außer einmal.
Von all den Wundern, die ich noch habe gehört,
Es scheint für mich sehr seltsam, daß Menschen sollten fürchten,
Sehend, daß (der) Tod, ein notwendiges Ende,
Wird kommen, wenn er will kommen."

Diese dem Sinne nach — abgesehen von den sprachlichen Härten und Grausamkeiten — vollständig richtige und vollständig in allen Teilen verständliche Übersetzung hat zu ihrer Herstellung nichts von all dem bedurft, was wir vorhin als die vier wesentlichen Stufen des logischen Denkprozesses bezeichnet haben. Auch der allerbeschränkteste Kopf, wenn er nur so viel Gedächtnis hat, um Verbalformen, wie heard, should, seeing zu behalten, kann mit Hilfe eines Lexikons diese Übersetzung mit Leichtigkeit herstellen. Selbst die Wiedergabe der Gedanken in gutem Deutsch beansprucht hier nur ein ganz bescheiden entwickeltes Sprachgefühl. In der bekanntlich trefflichen Übersetzung Shakespearescher Dramen von August Wilhelm von Schlegel lautet die Stelle:

„Der Feige stirbt schon vielmal, eh' er stirbt!
Die Tapfern kosten einmal nur den Tod.
Von allen Wundern, die ich je gehört,
Scheint mir das größte, daß sich Menschen fürchten,
Da sie doch sehn, der Tod, das Schicksal aller,
Kommt, wann er kommen soll."

In derartigen, fast auf mechanischem Wege herzustellenden eindeutigen Beziehungen von zwei Wortreihen, wobei höchstens die Wortlehre, nicht oder kaum dagegen die Satzlehre der Grammatik eine Rolle spielt, verläuft gewiß häufig das sogenannte Übersetzen aus fremden Sprachen, wenn deren Grammatik von der deutschen Grammatik nicht allzuweit abweicht und wenn und soweit deren Begriffe, die ihre Wortsymbole darstellen, entsprechend umgrenzte Begriffe mit eindeutigem Wortsymbol in der andern Sprache haben. Beide Bedingungen sind sehr weitgehend erfüllt bei den germanischen Sprachen; aber auch die romanischen Sprachen stehen hier dem Deutschen nicht allzu fremdartig gegenüber.

Wesentlich anders ist das Verhältnis der deutschen Sprache dagegen zu den alten klassischen Sprachen der Griechen und Römer. Gewiß gibt es hier noch genug Fälle, wo eindeutige Beziehungen zwischen zwei Wortreihen die wesentliche Arbeit des Übersetzens ausmachen. Man betrachte folgende Beispiele: „Aut prodesse volunt aut delectare poetae" (Horaz, Epist. II 3, 333), „Die Dichter wollen entweder nützen oder ergötzen." Oder: „Aequam memento rebus in arduis servare mentem" (Horaz, Oden II 3, 1), „Denke daran, in Tagen des Ungemachs Gleichmut zu bewahren." Oder: „Est modus in rebus, sunt certi denique fines" (Horaz, Satiren I 1, 106), „Es ist Maß (und Ziel) in allen Dingen; es gibt mit einem Wort bestimmte Grenzen". Oder der berühmte Eingang des wundervollen Chores in der Antigone: „*πολλὰ τὰ δεινά, κοὐδὲν ἀνθρώπου δεινότερον πέλει*, vieles Gewaltige lebt, doch nichts Gewaltigeres als der Mensch". Oder der bekannte Satz aus den moralischen Abhandlungen von Plutarch: „*Τὸ ἦθος ἔθος ἐστὶ πολυχρόνιον*, Der Charakter ist (nur) eine langwierige Gewohnheit." Aber der aufmerksame Beobachter wird in jedem dieser verhältnismäßig einfachen Sätze, die ich aufs Geratewohl gewählt habe, abgesehen vielleicht vom ersten Beispiel, bereits bemerken, daß die eindeutige Zuordnung nicht so mechanisch vollzogen werden kann wie im englischen Beispiel. Man sieht auch, daß, wenn auch diese Beziehung hergestellt ist, leichte Schwierigkeiten für die Deutung des Sinnes noch zu überwinden sind, deren Lösung vielleicht uns Erfahrenen nahe liegt, keineswegs aber dem Schüler, und die dann notwendig zu jenen weiteren Schritten im Denkprozesse führen, die wir im vorausgehenden studiert haben. Der Beginn der dritten Horazischen Ode des dritten Buches gibt eine gute Parallele zu dem vorhin erwähnten Shakespeareschen Zitat in Hinsicht auf Einfachheit der grammatikalischen Konstruktion und Eindeutigkeit der Wortbeziehungen:

„Iustum et tenacem propositi virum
Non civium ardor prava iubentium
Non vultus instantis tyranni
Mente quatit solida, neque auster,
Dux inquieti turbidus Hadriae,
Nec fulminantis magna manus Iovis:
Si fractus illabatur orbis
Impavidum ferient ruinae.“

Aber jeder Versuch, diese zwei Strophen mit den Schülern einer Prima ohne Vorbereitung zu übersetzen, wird gleichwohl, wenn auch nicht in dem ausgedehnten Maße wie bei dem Pindarschen Verse, den Eintritt der vorher geschilderten Denkprozesse erkennen lassen. Was ist ein tenax propositi? Ein Hartnäckiger, ein Zielbewußter, ein Grundsatztreuer? Was meint Horaz mit den cives prava iubentes, mit den Bürgern, die Verkehrtes befehlen? Wie ist der Ablativ mente solida aufzufassen und demgemäß zu übersetzen? Ist er abhängig von quatio, ist er ein Ablativus locativus? Warum fehlt dann die Präposition „in“? Ist „instans“ in der Bedeutung gegenwärtig, drohend oder dringend zu nehmen? usw. Wir sehen selbst in diesem einfachen Beispiel Anregungen zu zahlreichen Vermutungen, die in Schlußfolgerungen auf ihre Konsequenzen und auf ihre gegenseitige Anpassung zu prüfen sind, und deren einzelne erst nach Erfassung des vollständigen Gedankens in beiden Versen endgültig angenommen werden kann. Erst wenn in dieser Weise der Sinn der beiden Verse vollständig klarliegt, beginnt die eigentliche Kunst des Übersetzens, wobei ich vollständig das unterschreibe, was Wilamowitz-Möllendorf in seinem Vorwort zur großen Ausgabe des Hippolytos von Euripides (wieder abgedruckt in den Reden und Vorträgen, Berlin, Weidmann, 1901) vom eigentlichen Übersetzen sagt, daß es hier gilt, den Buchstaben zu verachten und dem Geist zu folgen, nicht Wörter noch Sätze zu übersetzen, sondern Gedanken und Gefühle aufzunehmen und wiederzugeben, daß die wahre Übersetzung eine Metempsychose ist, da nur der Leib wechselt, die Seele aber bleibt. Dieses Übertragen römischer oder griechischer Gedichte in deutsche Poesie ist dann allerdings keine Aufgabe des Verstandes mehr, der bis zu diesem Punkt seine Aufgabe bereits getan haben muß; es ist Sache des dichterischen Erlebnisses. Wie weit hier allerdings selbst unter Dichtern die Wiedergabe auseinandergehen kann, das will ich bei dieser Gelegenheit an zwei Übersetzungen der vorgenannten beiden Strophen zeigen, deren erste von Emanuel Geibel, deren zweite von dem ausgezeichneten Horazübersetzer Adolf Bacmeister herrührt. Beide sind im Versmaß des römischen Originals gehalten. Die Geibelsche Übertragung lautet:

„Wer treu sich selbst im Dienst der Pflicht beharrt,
Dem wird gesetzbruchheischende Pöbelwut,
Dem wird des Zwingherrn finsterer Drohblick
Nie den gelassenen Mut erschüttern,
Noch auch der Sturm, der Adrias Brandung
Aufrührt, noch Zeus' blitzschleudernder Götterarm.
Der Himmel, stürzt' er ein, begrübe
Unter den Trümmern einen Unverzagten." (Geibel.)

Die andere wie mir scheint bessere Übertragung (abgesehen von dem mißverständlichen Worte „wahnsinnlüsterne", das ich lieber durch „wahnwitztrunkene" ersetzen möchte) dagegen lautet:

„Ein Mann des Rechts und seinem Entschlusse treu,
Dem schreckt die wahnsinnlüsterne Menge nicht
Und nicht des Zwingherrn finsterdrohnde
Stirne den stetigen Mut, der Sturm nicht,
Der brausend herrscht im tobenden Hadria,
Und nicht des Donnrers Hand, die gewaltige;
Und wenn das Weltall krachend einstürzt,
Treffen die Trümmer noch einen Helden." (Bacmeister.)

Derartige sinn- und formgetreue und doch dem neuen Idiom angepaßte Übertragungen sind ohne strenge geistige philologische Vorarbeit mit eingehenden Begriffsanalysen nicht möglich. Erst wenn die logische „Intuition" ihre trockene, kühle Arbeit getan hat, kann und muß die dichterische „Intuition" ihr Werk beginnen, ohne welche diese Art der Übersetzungen wirkungslos bleibt. Aber die begriffliche Klarheit des Ganzen, bei der die Vieldeutigkeit der Wortsymbole in beiden Sprachen vollständig überschaut werden muß, ist die Grundvoraussetzung für jede dichterisch wertvolle Übersetzung. Daher ist der philologische Scharfsinn ebenso unentbehrlich für die Übertragung eines dichterischen Werkes wie die dichterische Phantasie selbst.

Ich will diese Untersuchungen nicht weiter fortsetzen. Wer sein Augenmerk bloß auf Beispiele richtet, wie das Shakespearesche, mag leicht zu der Meinung verleitet werden, daß in den Übersetzungsübungen keine geistige Zucht liegt. Aber er verschließt dann sein Auge entweder absichtlich den zahllosen andern Beispielen, die, wenn auch nicht entfernt so zahlreich wie in den alten klassischen Sprachen der Griechen und Römer, auch in den modernen fremden Sprachen der Germanen und Romanen sich finden, oder er macht einen unvollständigen Induktionsschluß aus einer kleinen Anzahl von Beobachtungen, die bei weitem nicht den Begriff „übersetzen" umfassen. Für mich steht es sowohl nach den Erfahrungen, die ich gemacht habe, als auch nach den vorausgehenden Überlegungen unverbrüchlich fest, daß das Übertragen griechischer und lateinischer Klassiker in die deutsche Sprache eine ganz ausgezeichnete geistige Zucht geben kann. Ich sage nicht, daß sie eine solche Zucht unter allen Bedingungen gibt. Auf die Art des Betriebes, auf das Interesse des Schülers, auf dessen logische Begabung überhaupt, auf das geistige Leben des Lehrers selbst kommt es hier ungemein viel an.

Ob das Übersetzen aus dem Deutschen in das Lateinische oder Griechische speziell für die geistige Zucht von gleichem Werte ist, erscheint mir fraglich. Zur Einübung der grammatikalischen

Formen wird es eine Zeitlang sicher unentbehrlich sein, und da natürlich in den oberen Klassen die Kunst des Übersetzens auch von der Beherrschung dieser Formen abhängig ist, ist es auch notwendig für diesen Zweck. Wilamowitz will mit Gottfried Hermann, den er in der bereits erwähnten Einleitung zitiert, sogar die Befähigung zur kritischen Behandlung eines griechischen Dichters an den Nachweis gebunden wissen, selbst in denselben Formen griechisch dichten zu können. Man sollte jedem das Übersetzen aus einer fremden Sprache verwehren, der nicht in sie stilgerecht zu übersetzen versteht. Ich halte das für eine Übertreibung. Zum mindesten kann diese Forderung nicht auf den Gymnasialunterricht Anwendung finden. Es vollziehen sich auch nicht beim Übersetzen in die fremden Sprachen alle vier Hauptprozesse des oben geschilderten Denkverfahrens. Vor allem entbehrt der Prozeß der Verifikation der nötigen Sicherheit. Beim Übersetzen aus der fremden Sprache in unsere Muttersprache trägt neben der Herstellung des logischen Zusammenhanges mit den Gesamtgedanken, die vorausgehen und nachfolgen, das un- und halbbewußte Sprachgefühl eine fundamentale Rolle. Es ist aber in der Regel ganz ausgeschlossen, daß irgendeine Schule dieses absolut sichere Sprachgefühl, das uns in der Muttersprache leitet, auch in der fremden Sprache erziehen kann. Eine lebenslange Beschäftigung mit den alten Sprachen, ein jahrzehntelanger Aufenthalt im Lande der lebenden fremden Sprachen ist nötig, um diese fehlerlose Sprachsicherheit zu erlangen. Gerade soweit dieses Sprachgefühl reicht, gerade so weit geht der Verifikationsprozeß beim „Hinübersetzen". Und weil dies der Fall ist, bleiben beim Übersetzen in die fremden Sprachen eine Menge von Vermutungen ungeprüft, wird eine Menge logischer Prozesse nicht ausgelöst, beruhigt sich der bequeme Schüler, und diese sind immer in der Mehrzahl, mit dem nächstbesten Einfall.

Das Ergebnis dieser theoretischen Überlegung scheint mir nicht nur durch meine eigenen Schulerlebnisse, sondern auch durch die praktischen Erfahrungen unsrer philologischen Lehrkräfte bestätigt zu werden. Bequeme, aber geistig begabte Schüler weisen beim Übersetzen aus der fremden Sprache gewöhnlich sehr viel bessere Leistungen auf als beim Übertragen deutscher Gedanken in die lateinische oder griechische Sprache. Ein gutes Lexikon, und vor allem ein rasches Erfassen der verwickelten Beziehungen hilft ihnen trotz ihrer Unsicherheit in grammatikalischen Dingen dank ihrem intuitiven Scharfsinn zu mannigfachen Vermutungen, deren Konsequenzen sie oft blitzschnell überblicken. Dem fleißigen, aber wenig begabten Schüler dagegen gelingen die Übersetzungen in die fremde Sprache dank der gedächtnismäßigen Beherrschung der grammatikalischen Regeln, Wendungen und Ausdrucksweisen meist ganz zufriedenstellend, während er umgekehrt beim Auflösen einer Periode des Demosthenes oder des Livius oder beim improvisierten Übersetzen Horazischer Verse vollständig versagt, trotz seiner Beherrschung der grammatikalischen Formen. Er sieht den Wald nicht vor lauter Bäumen. In unserm Hause verkehrte eine alte, ziemlich beschränkte Dame, die vollständig geläufig französisch sprach, in Frankreich selbst wiederholt als Dolmetscherin verwendet war und Tag um Tag ausführliche Briefe in französischer Sprache an ihre Freunde in Frankreich schrieb. Als ich sie einlud, je an einem Wochentag französische Lektüre mit uns zu treiben, versagte sie durchaus; es war ihr vollständig unmöglich, komplizierte Satzgebilde zu erfassen und auch nur dem Sinne nach in die deutsche Sprache zu übertragen. Gemäß solchen Beobachtungen, Erfahrungen und Überlegungen scheint mir der Schluß nicht ungerechtfertigt zu sein, daß das Übersetzen aus der fremden Sprache eine stärkere geistige Zucht zur Folge hat als das Übersetzen in die fremde Sprache, wenigstens in dem Ausmaße, das billigerweise unsre höheren Schulen anstreben können. Wenn aber diese Behauptung richtig ist, dann ergeben sich aus ihr nicht unwichtige Konsequenzen für den Sprachbetrieb unsrer Schulen, die ich indes nicht weiter verfolgen will.

Das Beispiel des Pindarschen Verses, ein Beispiel, das sich mit großer Leichtigkeit vertausendfachen läßt, hat uns gezeigt, daß die Übersetzungsübungen eine glänzende Gelegenheit bieten können, das Denken in strenge Zucht zu nehmen, daß ihnen eine hervorragende Brauchbarkeit innewohnt, in den Dienst der sogenannten formalen Bildung der intellektuellen Funktionen zu treten. Dabei haben wir deutlich gesehen, worin das Wesen dieser Art von Formalbildung oder, wie ich hier präziser sagen möchte, dieser geistigen Zucht besteht. Sie bedeutet Entwicklung der Leistungsfähigkeit der intellektuellen Funktionen, also der Fähigkeit vieldeutige Begriffe zu analysieren, Begriffsinhalte eindeutig festzulegen, verwickelte und schwierige Gedankengebilde unter beständiger Skepsis gegen die eigenen Einfälle logisch durchzuarbeiten, und das schließlich gewonnene Urteil nicht eher zu bejahen, bis es einer allseitigen Prüfung und Verifikation standgehalten hat. Ganz kurz ausgedrückt: Der Sinn dieser geistigen Zucht ist die Ausbildung des logischen Gewissens. (Vgl. auch meine „Theorie der Bildung", 1926, B. G. Teubner, Leipzig, Buch I, Kap. 1). Sie bedeutet aber noch mehr. Denn gerade diese geistige Zucht setzt uns erst in den Stand in immer höhere geistige Güter einzudringen und damit immer mehr und immer tiefer den unbedingten Wert zu erleben, aus dem diese Güter entsprungen sind, den zeitlosen Wert der Wahrheit in aller Erkenntnis. Neben dem praktischen Wert der geistigen Zucht für die Richtigkeit alles Wollens und Handelns, ist gerade diese Folge der geistigen Zucht, den Wert der Wahrheit des Erkennens immer wieder und immer tiefer erleben zu lassen und damit immer unermüdlicher nach ihr zu streben in all unserm Denken von größter Bedeutung.

III. NATURWISSENSCHAFTEN UND GEISTIGE ZUCHT

Nachdem wir an dem Beispiel der Übersetzung aus einer fremden Sprache in die Muttersprache das Wesen der Schulung im Denkverfahren studiert haben, wollen wir nun untersuchen, ob und wie weit der naturwissenschaftliche Unterricht imstande ist, eine gleiche Schulung zu geben. An diese Betrachtung wollen wir sodann sofort die weitere anschließen, welchen Beitrag dieser Unterricht zu dem andern Faktor der geistigen Zucht liefert, zur Gewöhnung an die Bildung festumschriebener Begriffe und deren eindeutige Fassung durch das Wort oder durch ein andres Zeichen. Wir haben schon erkannt, daß diese eindeutige Begriffsbestimmung eine unerläßliche Voraussetzung für den Erfolg des logischen Denkverfahrens bildet.

Ich wähle zunächst je ein Beispiel aus dem Gebiete der Physik und der Chemie. Während es aber ein leichtes ist, aus griechischen oder römischen Klassikern Beispiele zu finden, an denen der Vorgang des Denkverfahrens sich in allen seinen vier Phasen deutlich und reichlich zeigen läßt, bieten die mir bekannten Bücher für Physik oder für physikalische Schülerübungen nur wenig Material, an dem in gleich glänzender Weise die Tauglichkeit dieser Übungen für die Gewöhnung an ein logisches Denkverfahren sich zeigen ließe. Daß dies nur teilweise im Wesen des physikalischen Unterrichtes liegt, zum andern Teile aber an gewissen andern Verhältnissen, auf die wir später zu sprechen kommen, werden wir sofort erkennen. Ein etwas reichhaltigeres, wenn auch in Hinsicht auf die auszubildenden Gewohnheiten sehr viel einseitigeres Material liefern die Übungen im Bestimmen von Substanzen im chemischen Unterricht, von Pflanzen-, Tier- und Mineralarten in den beschreibenden Naturwissenschaften. Hier liegen die Beispiele so auf platter Hand, daß sie sich von selbst ohne weitere Überlegung anbieten.

Der Grund hierfür ist natürlich sofort ersichtlich. Bei den Übersetzungen wie bei den Bestimmungsübungen handelt es sich nicht darum, grammatikalische Regeln bzw. Naturgesetze aufzusuchen oder zu prüfen, oder hier den Wortverband, dort das Naturobjekt auf die Ursachen ihrer Erscheinung hin zu untersuchen, sondern mit einem bereits erworbenen und durch vielfachen Gebrauch geläufig gewordenen Rüstzeug von Regeln, Begriffen, Gesetzen gewisse Erscheinungen, hier Satzganze, dort Naturobjekte in ihrem innern Zusammenhang und Sinn bzw. in ihrer Zugehörigkeit zu bestimmten Kreisen von Vorstellungen zu deuten oder zu prüfen.

Ganz anders liegen die Verhältnisse im Schulunterrichte der exaktesten der Naturwissenschaften, im Schulunterricht der Physik. Dies liegt teilweise daran, daß wir es hier, um mich eines Windelbandschen Ausdrucks zu bedienen, mit einer im hohen Grade induktiv entwickelten „Gesetzeswissenschaft" zu tun haben, während schon bei der Chemie, noch mehr aber in Zoologie, Botanik und Mineralogie neben der „nomothetischen" Methode auch die „idiographische" eine Rolle spielt in der Beschreibung, Typisierung und Klassifizierung der mannigfaltigen Objekte, die hier ebenso Gegenstand der Untersuchung sind wie die Aufsuchung der relativ wenigen Gesetze.

Überall da aber, wo der Unterricht in Gesetze der Natur einzuführen hat und nicht in die individuellen Eigenschaften von Einzelerscheinungen, muß schon die Einführung selbst mit einem ganz unvergleichlich größeren Zeitaufwand verbunden werden, ganz abgesehen davon, daß die Aufsuchung der Gesetze den Schüler vor eine ganz anders geartete Arbeit stellt als ihre Anwendung.

Denn das eine wird viel zu wenig beachtet: Soll die Einführung erziehlich fruchtbar sein, soll sie zu Erkenntniswerten führen und nicht bloß Kenntnisse übermitteln, so bleibt nichts übrig, als daß der Unterricht den gleichen mühevollen Gang der Induktionen geht, der das Menschengeschlecht in vieltausendjähriger mühevoller Arbeit, voll von Irrtümern, schrittweise zum Stande der heutigen Erkenntnis des Naturgeschehens geführt hat, und zwar lediglich durch den Scharfsinn einzelner Forscher, deren jeder wieder da weitergearbeitet hat, wo seine Vorgänger aufhören mußten. Es ist völlig ausgeschlossen, die Schüler diesen Weg der Aufsuchung der Gesetze ohne jede Anweisung gehen zu lassen; die meisten würden nicht einmal die uralten Gesetze der Mechanik, geschweige jene der Wärmelehre, Elektrizität, Optik und Akustik entdecken. Aber jede Anweisung schließt eine frei aufsteigende Vermutung aus, und jede ausfallende Vermutung verringert die Mannigfaltigkeit der Analyse und Verifikation und schwächt damit den Erziehungsprozeß im Denkverfahren. Wir werden später ein typisches Beispiel des heutigen Unterrichts sehen, in welchem der Induktionsweg derartig durch Anweisungen eingeengt ist, daß der Schüler gar nicht anders kann, als das Gesetz zu „entdecken", ohne daß er auch nur die allerbescheidenste Vermutung hegen mußte. Der Unterricht in der Euklidischen Geometrie ist noch vielfach so gestaltet. Es ist der Weg, den ich mit Mausefalleninduktion bezeichnen möchte.

Daß aber der Physikunterricht und zum großen Teil auch der Chemieunterricht ganz in diese Bahn der Mausefalleninduktion gedrängt wurde, liegt teils an der enzyklopädischen Seuche, an der unsre höheren Schulen kranken, teils an der viel zu geringen Unterrichtszeit, die dem Unterricht zur Verfügung gestellt ist. Ich werde auf beide Punkte später noch eingehend zu sprechen kommen. Möglicherweise steht einem für die Schulung des Denkverfahrens fruchtbareren Betrieb auch die mangelnde Reife und naturwissenschaftliche Begabung des Schülerdurchschnitts entgegen; hierüber kann nur ein Versuch entscheiden, wie ich ihn später vorschlagen werde.

Im Wesen der Physik selbst aber liegt diese Erscheinung nicht. Denn jede Erscheinung, die ich auf Grund mir bekannter physikalischer Gesetze zu erklären versuche, gibt genau zu den gleichen Denkprozessen Veranlassung wie irgendein griechischer Satz, dessen Sinn ich auf Grund der Wortbedeutungen und grammatikalischen Regeln zu ermitteln trachte. Es käme also nur darauf an, den physikalischen, chemischen oder biologischen Unterricht so zu gestalten, daß er hinreichend Gelegenheit zu derartigen selbständigen Übungen und Untersuchungen bietet. Ist das unmöglich, dann muß der naturwissenschaftliche Unterricht verzichten, mit den Übersetzungsübungen aus den antiken Sprachen in Hinsicht auf die Schulung des Denkverfahrens rivalisieren zu wollen, und sich mit den anderen, wie wir nachher sehn werden, beträchtlichen, ja zum Teil einzigartigen Erziehungswerten begnügen.

Aber es scheint mir, daß es nicht unmöglich ist. Ein Versuch in dieser Richtung ist in dem K. Fischerschen Lehrplan der Physik für die bayerischen Real- und Oberrealschulen, wie mir scheint, in glücklicher Weise gemacht (vgl. auch Bayr.

Zeitschrift für Realschulwesen, 1907, Bd. 15, S. 161—177). Freilich, die gegenwärtig im Gebrauch befindlichen Schulbücher für physikalische Schülerübungen, soweit sie mir bekannt sind, lassen daran zweifeln. Man kann in ihnen kaum ein Beispiel finden, das sich dem Übersetzungsbeispiel als Gegenstück für die Schulung des Denkverfahrens an die Seite stellen läßt. Das gibt freilich zu denken. Und doch gibt es solche Beispiele. Ich entnehme eines aus dem Buche „How we think" von John Dewey, Boston, Heath & Co. 1910.

Ein Schüler wäscht in heißer Seifenlauge Wassergläser und stellt sie alsdann mit der Öffnung nach unten gewendet auf eine Glasplatte. Da bemerkt er, daß außen rings um den umgestülpten Rand des gestürzten Glases sich Blasen bilden, die unter dem Rand des Glases hindurch nach innen kriechen. Er soll die Erscheinung erklären.

Wir haben also hier eine Tatsache, eine von den ungezählten, die täglich unsern Sinnen sich bemerklich machen. Es handelt sich darum, den Sinn dieser Tatsache zu verstehen. Der Schüler forscht nach der Erklärung. Eine Reihe von Vermutungen steigt zunächst auf: Sind es Luftblasen? Sind es Gasblasen? Entstehen sie außerhalb des Glases im Seifenwasser oder kommen sie aus dem Innern des Glases? Bloßes Nachdenken hat hier keinen Sinn. Zu den Zeiten der Scholastik, wo man wissenschaftliche Abhandlungen schrieb, ob ein Pferd 32 oder 36 Zähne habe, ohne einem Gaul ins Maul zu sehen, wäre das denkbar gewesen. Der Schüler muß erst die vorhandene Schwierigkeit scharf umgrenzen; er muß erst die „bestimmte Fragestellung" suchen. Er wäscht also wieder eine Anzahl Gläser, stellt sie aufmerksam auf eine Glasplatte, deren Seifenwasserüberzug er natürlich schon vorher untersucht hat, ob nicht in ihm aus irgendwelchen Gründen Blasen eingeschlossen sind. Es frägt sich, ob die Erscheinung wiederkehrt. Indem er sorgfältig beobachtet, sieht er an einem Glase unter dem umgestülpten Rand einige kleine Gasblasen nach außen kriechen, dort stehen bleiben und nach kurzer Zeit umkehren. Also kommen sie von innen und sind daher, weil innen nichts andres sein kann als Luft, jedenfalls Luftblasen. Aber warum entweichen sie nicht gleich ganz? Das wird wohl die Oberflächenspannung der dünnen Seifenlaugenschicht auf der Glasplatte bewirken. Doch das ist nebensächlich. Wichtig ist: warum treten diese kleinen Luftblasen aus dem Glase aus? Und warum kehren sie vollends wieder um, noch ehe die Oberflächenspannung der Seifenlauge durch zusammengeflossene Luftblasen überwunden ist?

Eine Vermutung kommt: Die Luft im Glase hat sich einen Moment ausgedehnt. Aber warum hat sie sich ausgedehnt? Der Schüler nimmt abermals einige Gläser aus der Seifenlauge und stellt sie auf die Platte. Bei einigen zeigt sich wieder die Erscheinung, bei andern nicht. Sonderbar, sehr sonderbar! Er überlegt: Ausdehnung der Luft im Glase kann nur erfolgen, wenn sie kälter war als das heiße Glas. Dann muß kältere Luft ins Glas gekommen sein. Auf welche Weise denn? Nur beim Herausnehmen aus der heißen Seifenlauge auf die Glasplatte. Richtig, die Zimmertemperatur ist viel niederer als die der Seifenlauge. Rasch ein neuer Versuch! Er sorgt dafür, daß beim Herübernehmen die kältere Luft des Zimmers in das heiße Glas hineinfallen kann, indem er teils das Glas langsam mit nach oben gekehrter Öffnung auf die Glasplatte überträgt, teils überdies das Glas beim Hinübernehmen schüttelt. In der Tat, alle wiederholten Versuche zeigen dann die Erscheinung in schöner Deutlichkeit. Erstes Ergebnis: Die kalte Luft, die von außen eindringt, wird durch das heiße Glas momentan erwärmt, sic wird daher ausgedehnt, will unter dem Rande entweichen, aber die kleinen Bläschen werden von der Oberflächenspannung der Seifenlauge etwas am Entweichen gehindert.

Er macht die Gegenprobe, indem er das umgestülpte Glas über warmen Dampf der heißen Seifenlauge stellt und rasch das Glas in dieser Lage auf die Glasplatte bringt. Richtig, die Erscheinung bleibt aus.

Aber warum gehen nun die Blasen nach kurzer Zeit wieder nach innen? Sie müssen eingesaugt werden. Das ist nur möglich, wenn die Luft drinnen sich wieder abkühlt und damit zusammenzieht Ein luftleerer Raum kann ja nicht entstehen.

Aber warum kühlt sich die Luft ab? Das setzt voraus, daß das Glas selbst sich abkühlt. Natürlich; es wird ja beständig von der kühlen Zimmerluft umspült. Der Schüler prüft seine Vermutung. Er umfächelt das Glas, er legt ein Stück Eis auf. Richtig, je rascher die Abkühlung des Glases erfolgt, desto rascher werden die kleinen Luftblasen wieder eingesaugt. Die Erscheinung hat ihre volle Erklärung gefunden.

Ich will diesem Beispiel sofort ein Beispiel aus der Chemie anfügen, die wegen der geringen Zahl der Gesetze und wegen der großen Mannigfaltigkeit der Objekte, deren Bildung von diesen Gesetzen abhängig ist, ein wesentlich reicheres Material, aber dafür auch wieder sehr viel einseitigeres Material für die Schulung des Denkverfahrens liefert. Das Beispiel ist so gewählt, daß es nur wenig chemische Kenntnisse sowohl beim Schüler als auch beim Leser voraussetzt.

Der Schüler verreibt auf blankem Kupferblech ein ihm unbekanntes rotes Pulver mit Watte. Er beobachtet, daß das rote Kupferblech an der geriebenen Stelle zunächst schwarz wird, daß aber, indem er den Prozeß fortsetzt, der schwarze Flekken auf dem Kupferblech allmählich einem glänzend silberweißen Flecken weicht. Er soll die Erscheinung erklären.

Zuerst tauchen die Fragen auf: Warum gibt das rote Pulver nicht einen roten Flecken, sondern einen schwarzen? Erste Vermutung: Ändert sich vielleicht das rote Pulver während des Reibens? Zweite Vermutung: Vermag vielleicht die Reibungswärme das rote Pulver schwarz zu machen? Warum wird aus dem schwarzen Flecken ein glänzend silberweißer? Rätsel!

Um die zweite Vermutung zu prüfen, reibt er das rote Pulver auf einem andern Stoff, auf Glas oder Porzellan. Keine Veränderung! Es bleibt rot. Also kann die Reibungswärme allein nicht ausschlaggebend sein.

Der Schüler reibt nochmals das Pulver auf der Kupferplatte und beobachtet den Prozeß genauer. Es schwärzt sich zunächst die Kupferplatte, dann nach einiger Zeit schwärzt sich die Watte. Erste Vermutung: Geht die schwarze Farbe von der Kupferplatte ab? Zweite Vermutung: Oder färbt sich die Watte von selbst während des Reibungsprozesses? Die zweite Vermutung wird verworfen, denn sonst hätte sich ja die Watte schon vorher beim Reiben des Pulvers auf Glas färben müssen. Also reibt sich die schwarze Farbe der Kupferplatte auf der Watte ab.

Er reibt weiter. Die schwarze Farbe der Watte bleibt, die schwarze Farbe der Kupferplatte verschwindet und an ihre Stelle tritt eine silberglänzende Farbe. Er nimmt sehr wenig Pulver und verreibt es vollständig. An Stelle des roten Stoffes hat er schwarzgefärbte Watte und silberglänzendes Kupfer. Es ist offenbar eine Veränderung mit dem roten Pulver vor sich gegangen. Es hat sich in einen schwarzen und in einen glänzendweißen Stoff verwandelt. Hat sich das rote Pulver in zwei Bestandteile zerlegt? Der weiße Stoff sieht metallglänzend aus. Welche Metalle sind silberweiß? Silber, Quecksilber, Zinn, Zink, Aluminium.

Welche Verbindungen dieser Metalle sind bis jetzt im Unterricht zerlegt worden? Nur Quecksilberoxyd. Vielleicht ist das rote Pulver Quecksilberoxyd. Die rote Farbe stimmt ja. Dann läßt es sich wohl geradeso zerlegen, wie wir das schon gesehen haben, durch Erhitzen im Probierglas. Der Schüler versucht; es geht nicht. Der Stoff wird zwar genau wie das Quecksilberoxyd beim Überhitzen schwarz, gibt aber keinen Sauerstoff ab und vor allem keinen Quecksilberspiegel am Glase.

Nach der Verfärbung ist es aber schwarz und nach dem silberweißen Flecken auf der Kupferplatte zu schließen, wäre es vielleicht doch möglich, daß das rote Pulver eine Quecksilberverbindung ist, nur kein Oxyd. Aber wenn der silberweiße Flecken blankes Quecksilber enthält, dann muß es ja beim Erwärmen verdampfen! Vor der Flüchtigkeit des Quecksilbers hat uns ja der Lehrer oft genug gewarnt. Der Schüler erhitzt das Kupferblech. Richtig! Die weiße Färbung verschwindet, also eine neue Bestätigung der Vermutung.

Aber der schwarze Stoff auf der Watte? Großer Gedankenstrich. Ein disjunktiver Schluß stellt sich ein. Wenn aus dem roten Pulver sich das blanke Quecksilber ausgeschieden hat, dann war dieses rote Pulver eine Metallverbindung. Wenn es eine Metallverbindung war und wenn nicht die Wärme die Ausscheidung bewirkte, dann muß es durch einen andern Stoff aus seiner Verbindung getrieben worden sein. Was für ein andrer Stoff? Das Pulver war nur mit Watte und Kupfer in Berührung gestanden. Höchstwahrscheinlich ist dann das Kupfer an die Stelle des Quecksilbers getreten. Dann ist der schwarze Stoff eine Kupferverbindung. Welche schwarzen Kupferverbindungen haben wir kennen gelernt? Kupferoxyd und Schwefelkupfer. Kann es Kupferoxyd sein? Nein! Sonst hätte vorhin das beim Überhitzen schwarz gewordene rote Pulver Sauerstoff abgegeben. Also vielleicht Schwefelkupfer? Wie haben wir im früheren Unterricht das schwarze Schwefelkupfer erhalten? Richtig, in ganz ähnlicher Weise, indem wir direkt Schwefelpulver auf Kupfer gerieben haben.

Aber wenn das schwarze Pulver eine Schwefelverbindung ist, dann muß auch das rote Pulver eine gewesen sein, und wenn das glänzend weiße Metall wirklich Quecksilber war, dann ist wahrscheinlich das rote Pulver Schwefelquecksilber.

Das muß sich aber dann sofort beim Erhitzen an freier Luft (nicht im Probierglas) zeigen.

Beim Erhitzen von Schwefelverbindungen an freier Luft haben wir ja einen stechenden Geruch der entweichenden schwefligen Säure empfunden, wie beim Verbrennen von Schwefelhölzchen. Auch hat sich blaues, nasses Lackmuspapier rot gefärbt, sobald wir es über das erhitzte Produkt hielten.

Der Schüler erhitzt das rote Pulver in einem Löffel. Es stellt sich der Geruch von Schwefeldioxyd ein; das blaue Lackmuspapier färbt sich rot. Aber es zeigt sich kein reines Metall. Natürlich, denn wenn es Quecksilber ist, so ist dies ja flüchtig in der Hitze und verdampft.

Also ist aller Wahrscheinlichkeit nach das rote Pulver Schwefelquecksilber, HgS; die Schwärzung des Kupfers beruhte auf der Bildung von Schwefelkupfer, SCu, das sich allmählich an der Watte verrieb, während das freiwerdende Quecksilber Hg das blanke Kupfer überzog.

Die volle Überzeugung von der Richtigkeit des Schlusses verlangt aber noch eine Verifikation. Wenn das Metall wirklich Quecksilber ist, sollte es nicht gelingen, es in der wohlbekannten flüssigen Form als Metall zu fassen? Und wenn nur Schwefel an der Verbindung beteiligt ist, sollte es nicht möglich sein, ihn an ein andres Metall zu binden? Einer der allerersten Versuche war die

Herstellung einer Verbindung von Schwefel mit Eisen, indem der Schüler damals Eisenpulver mit Schwefelblüte im Gewichtsverhältnis 56:32 mischte und erwärmte, wobei sich eine so große Affinität des Eisens zu Schwefel zeigte, das von selbst ein Erglühen der Masse erfolgte.

Der Schüler mischt das rote Pulver mit einer reichlichen Menge Eisenfeile. Richtig, nach kurzem Erwärmen des Gemenges bekommt er an der Wandung des Probierglases einen schönen Quecksilberspiegel. Er bürstet ihn, wie seinerzeit beim Zerlegen des Quecksilberoxyds, mit einer Gänsefeder in ein Schälchen und erhält die erwartete, ihm wohlbekannte Kugel von flüssigem Quecksilber. Die Rückstände im Probierglase aber haben die schwarzgraue Farbe wie das Schwefeleisen, das der Schüler schon aus den ersten Versuchen kennt.

Weiter läßt sich auf dieser Stufe die Verifikation nicht treiben. Sie genügt indes vorläufig, um die Überzeugung zu geben, daß in der Tat das vorliegende rote Pulver Schwefelquecksilber (roter Zinnober) war, daß das Kupfer beim Reiben mit Schwefel zu schwarzem Schwefelkupfer wird, ebenso wie Eisen mit dem Schwefel des Zinnobers zu Schwefeleisen, daß also Eisen und Kupfer eine größere Verwandtschaft zu Schwefel haben als Quecksilber.

Die beiden Beispiele aus dem naturwissenschaftlichen Unterricht liefern trotz der großen Einfachheit der vorausgesetzten Kenntnisse eine vollständige Analogie im Denkverfahren zu jenem bei der Übersetzung des Pindarschen Verses. Gegeben sind Tatsachen: auf der einen Seite zusammenhängende Wörter und ihre Bedeutung, auf der andern Seite Erscheinungen. Indem der Schüler dort den rechten Sinn der Wortbeziehungen, hier den rechten Sinn der Erscheinungsbeziehungen ermitteln will, stellen sich hier wie dort Denkschwierigkeiten ein, die in ihm von selbst Vermutungen in Form von bestimmten Fragen aufsteigen lassen. Er verfolgt die Vermutungen, hier allerdings nicht ausschließlich durch Denken, sondern durch Denken und Experimente und prüft sie der Reihe nach auf ihre Richtigkeit. Diejenige, welche am besten zu den gegebenen Tatsachen paßt sowie mit den bereits früher erworbenen Erfahrungen übereinstimmt, wird akzeptiert, indes nicht ohne den vierten Schritt im Denkverfahren, die Verifikation. Dort wie hier handelt es sich um die Ausbildung ganz der gleichen Gewohnheiten, nicht die erste beste Vermutung als Lösung der

Frage hinzunehmen, sondern in ständiger Überwindung der eignen Bequemlichkeit jede einzelne Vermutung auf ihre Folgen zu prüfen, und, falls keine der Vermutungen sich in Übereistimmung mit den Tatsachen und dem übrigen Erfahrungskreis bringen läßt, lieber im Zustand des Zweifels und dem Bewußtsein zu verharren, daß die Lösung der Schwierigkeiten den eignen Kräften vorläufig unmöglich ist. Der Reichtum an Vermutungen, die zu prüfen sind, ist allerdings im allgemeinen bei weitem nicht so groß. Aber wie wir bereits früher bemerkt haben, die Vermutungen selbst können im allgemeinen durch das Experiment sehr viel exakter auf ihre Richtigkeit hin untersucht werden als im Falle der Übersetzung.

Wer nun aber aus dieser Tatsache, die uns die beiden Beispiele lehren, schon den Schluß ziehen würde, daß beide Unterrichtsgebiete auch in Hinsicht auf die Erziehung zum logischen Denken gleichwertig sind, der würde gerade zeigen, daß er die Gewohnheiten des logischen Denkens sich noch nicht zu eigen gemacht hat. Denn es handelt sich dabei nicht darum, daß das Wesen der Naturerklärung eine Anzahl gleicher Anforderungen an den menschlichen Geist stellt wie das Wesen der Texterklärung, sondern es handelt sich darum, ob die beiden Unterrichtsdisziplinen auch die gleiche Fülle von brauchbaren Beispielen liefern, die den Schüler während neun Jahren zwingen, täglich in den Gewohnheiten sich zu üben, die eben das logische Denken ausmachen, und ob diese Beispiele stets auch aus sich selbst heraus die gleiche Fülle von Vermutungen entwickeln, die eben zum mannigfaltigen vernunftgemäßen Schließen und zu zahlreichen Verifikationen Veranlassung geben. Nicht der Prozeß des Schließens selbst ist die Hauptsache, wie jedermann weiß, sondern die Prüfung der Prämissen, d. i. eben der Vermutungen. Hat der Scharfsinn, der sich nicht üben läßt, sondern dem höchstens durch die Gewohnheit des Zauderns Gelegenheit gegeben werden kann, sich zu betätigen, die Prämissen herbeigebracht, und sind die Prämissen auf ihre Richtigkeit geprüft, dann vollzieht sich die Conclusio ganz von selbst.

Nun zeigen aber, wie bereits erwähnt, viele gegenwärtige Aufgabensammlungen, sei es in den Lehrbüchern der Physik, sei es in den Handbüchern für physikalische Schülerübungen, einen völlig andern Charakter der Aufgaben. Es sind keine Fragensammlungen, sondern Befehlssammlungen. Es sind nicht Sammlungen von Schwierigkeiten, die dem Schüler selbst zu Vermutungen Veranlassung geben, sondern Sammlungen von Anweisungen, die um so sicherer jede Vermutung ausschließen, je peinlicher sie angelegt und je gehorsamer und genauer sie befolgt werden. Ich will auf das Geratewohl irgendein Beispiel aus dem Handbuch für physikalische Schülerübungen von Hermann Hahn herausgreifen, das 1909 in erster, 1913 in zweiter Auflage bei Julius Springer in Berlin erschienen ist.

Die erste der 25 Aufgaben aus dem Gebiete der Optik (S. 255) lautet: Vergleiche den Einfallswinkel mit dem Ausfallswinkel. Zeitangabe: 1 Stunde. Angabe von Geräten: Ebener Spiegel, Stecknadeln, vollständige Zeichenausrüstung. Anleitung: Hefte mit Reisnägeln den Bogen auf das Zeichenbrett. Ziehe die Gerade *g* (siehe Figur). Stelle den Spiegel so auf das Papier, daß die untere Kante der versilberten Vorderfläche genau mit *g* zusammenfällt. Stecke die Nadel *B* nahe beim Spiegel, die Nadel *A* in 12 cm Entfernung davon lotrecht in das Reisbrett. Schließe das eine Auge und bringe den Kopf in eine solche Stellung, daß *A* die Nadel *B* verdeckt, und stecke, ohne den Kopf zu bewegen, zwei weitere Nadeln, *C* in der Nähe des Spiegels und *D* in einer Entfernung von 12 cm so in das Papier, daß ihre Spiegelbilder auf der Verlängerung von *A B* liegen. Sieh in der Richtung *DC* in den Spiegel und prüfe, ob die Bilder von *A* und *B* in der Verlängerung von *DC* liegen (Gesetz der Umkehrbarkeit). Umringle die Stiche der Nadeln und entferne dann Spiegel und Nadeln. Ziehe *A B* und *CD*. Wo schneiden sich die Verlängerungen beider Strecken? Einfallsstrahl *A E*, Einfallspunkt *E*. Ausfallsstrahl *ED*.

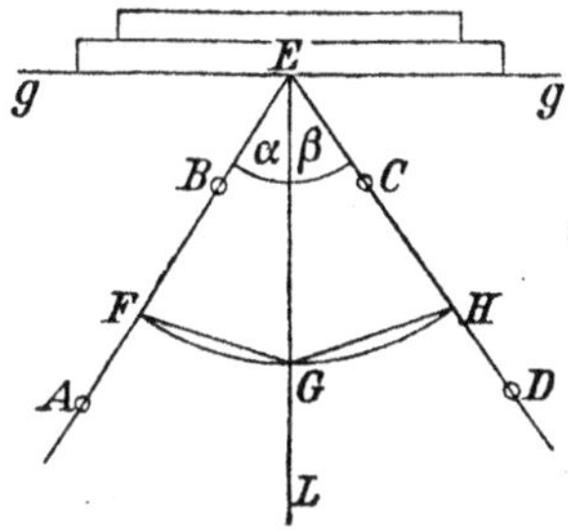

Errichte mit den Dreiecken (?) in *E* das Lot *EL* auf *g*. Einfallslot. Einfallswinkel $AEL = \alpha$. Ausfallswinkel $DEL = \beta$. Miß die Winkel α und β, trage die gefundenen Werte in die Zeichnung und in die folgende Tabelle ein und berechne $\alpha - \beta$ unter Beachtung des Vorzeichens.

Wiederhole den Versuch fünfmal und wähle jedesmal einen anderen Einfallswinkel. Bilde das Mittel der Unterschiede $\alpha - \beta$. Welche Beziehung besteht zwischen α und β?

Schlage um *E* mit einem Halbmesser von 8 bis 12 cm Länge einen Bogen, der *AE*, *EL* und

ED in den Punkten F, G und H schneidet. Miß mit dem Millimeterstab die Strecken FG und HG, trage die Werte in die Zeichnung und in die Tabelle ein, berechne $FG - HG$ unter Beachtung des Vorzeichens und bilde aus diesen Unterschieden das Mittel. Welche Beziehung besteht zwischen FG und HG und demnach zwischen α und β? Anmerkung: Man achte darauf, daß die Schüler stets mit spitzen Bleistiften arbeiten.

Welch ein völlig andres und für die Zwecke der logischen Schulung nicht erfreuliches Bild! Alles ist darauf angestellt, den Induktionsschluß nicht ausrutschen zu lassen. Das wesentliche für die Richtigkeit des Induktionsschlusses ist, die einzelnen gleichartigen Erscheinungen von allen störenden Einflüssen, von allen Ungenauigkeiten, von allem Nebensächlichen loszulösen, die konstitutiven Merkmale der Erscheinung in aller Reinlichkeit hervortreten zu lassen, den einzelnen Fall zu einem wahrhaft typischen zu machen. Die eigentlichen Denkübungen liegen hier gerade in der allmählichen Entwicklung der eignen fehlerhaften Manipulationen und falschen Beobachtungen, in dem Aufdecken der Irrtümer durch das Vergleichen wiederholter Beobachtungen, die man auf Grund eigner Überlegungen angestellt hat. Hier ist der Platz, wo sich die Vermutungen einstellen müssen oder nicht, und wo sie sich bei entsprechender Begabung, die nirgends entbehrt werden kann, massenhaft einstellen, wenn die nötige Zeit zur zweckmäßigen Durchführung grundlegender Versuche gegeben ist. Der Vorschlag möglichst einfacher Vorrichtungen und Apparate für die Zwecke der physikalischen Schülerübungen kann nicht zum wenigsten auch dadurch begründet werden, daß eben die einfachen, von den Schülern womöglich selbst zusammengestellten Vorrichtungen durch ihren Mangel an Vollkommenheit zu einer Fülle von Vermutungen bei der Entdeckung der Fehlerquellen Veranlassung geben. Es ist z. B. ein himmelweiter Unterschied, ob ich die eben geschilderte Untersuchung mit den höchst einfachen Apparaten von H. Hahn ausführen lasse, oder, wie Noack es in seinem Übungsbuch 1904 vorgeschlagen hat, durch ein Goniometer mit Fernrohr, Kreisteilung, Noniusablesung usw. Es ist ein wesentlicher Unterschied, ob bei Schülerübungen auf dem Gebiete der Elektrizität der Schüler mit dem ureinfachen Torsionsgalvanometer, das auch historisch zuerst von Ohm zu wirklichen Strommessungen verwendet wurde, oder mit der höchst übersichtlichen Tangentenbussole oder mit einem Spiegelgalvanometer oder mit Stromzeigern andrer Art arbeitet. Wird die Möglichkeit jeden Irrtums durch Ausführlichkeit der Anweisung ausgeschaltet, wird der spezielle Fall für die Vorbereitung der Induktion in seiner typischen Reinheit gegeben, dann fällt alle Übung im logischen Denken weg. Denn der Induktionsschluß selbst vollzieht sich wie der Deduktionsschluß nur allzu leicht von selbst, kraft des mehr und mehr erwachenden Bewußtseins von der Gesetzmäßigkeit und Gleichmäßigkeit alles Geschehens in der Welt. In den mannigfaltigen Induktionsschlüssen der Physik liegt nicht die Schulung zum logischen Denken, sondern in der Vorbereitung des Materials zum Induktionsschluß. Mit Recht ist daher in dem Fischerschen Physiklehrplan für die bayerischen Real- und Oberrealschulen von 1907 die Selbsttätigkeit, das Selbstsuchen und das Selbstfinden in den Schülerübungen zum Ausgangspunkt des Unterrichts gemacht und der Lehrstoff zugunsten einer erzieherischen Ausnutzung der physikalischen Denk- und Arbeitsweisen bedeutend eingeschränkt. (Vgl. auch K. T. Fischer, Haupt- und Tagesfragen des naturwissenschaftlichen Unterrichts, Monatshefte für den gesamten naturwissenschaftlichen Unterricht, Bd. I, 1908, Heft 1, Seite 15 bis 18, Heft 2, Seite 97 bis 104.)

Ich möchte nun nicht Hahn den Vorwurf machen, daß er mit seinem Buch ein Buch für die Hand des Schülers geschrieben haben wollte. Seine Absicht war sicherlich nur, dem Lehrer ein sorgfältig ausprobiertes Material an die Hand zu geben, und in Beispielen, die bis ins kleinste Detail ausgearbeitet sind, zu zeigen, auf welche Vorsichtsmaßregeln der Lehrer achten muß, um die Schüler zum sorgfältigen Experimentieren zu führen. Der erste Satz der Einleitung zum Buch spricht es deutlich aus, daß er sich mit dem Buche an Physiklehrer wenden will, die befähigt sind, Schülerübungen zu leiten. Er sucht daher Leser besonderer Art: Lehrer mit reichem Wissen und von tüchtigem Können, vor deren Geist das leuchtende Bild eines vollkommenen physikalischen Unterrichts schwebt; tatkräftige Männer, die fest an die Verbesserungsfähigkeit des Lehrverfahrens glauben und mit eisernem Willen in unermüdlicher Arbeit darnach streben, ihren Unterricht so vortrefflich zu gestalten, wie es die eigene Kraft, die äußern Widerstände und die Klugheit der Zeitgenossen gestatten. Hahn hebt später ausdrücklich hervor, daß für seine Schüler die Anleitungen nicht bindende Vorschläge sind; jeder Schüler darf andre Wege einschlagen.

Indes Vorschläge für den Schüler bleiben sie doch. Was aber das schlimme ist: Da an keiner Stelle des 500 Seiten starken Buches andre Vorschläge und Anweisungen zur Durchführung der Schülerübungen gegeben sind, da Aufgabe um Aufgabe genau nach dem eben gegebenen Muster durchgearbeitet ist, so besteht die Gefahr, daß eben das Buch genau so vom Lehrer und Schüler benützt wird, wie die Köchin ihr Kochbuch benützt. Ja, es besteht nicht bloß die Gefahr, das Ereignis ist schon an sehr vielen Schulen eingetreten. Es wird von großem Werte sein, wenn Hahn bei einer Neuauflage seines Buches eine größere Anzahl von Beispielen einfügt, an denen er zeigt: a) wie der Lehrer zu verfahren hat, damit die Schüler von selbst gewisse Anordnungen des Versuches treffen, und zwar verschiedene, b) wie die praktischen Übungen nicht in den Dienst der Auffindung von Gesetzen, sondern der Erklärung von irgendwelchen Erscheinungen nach den von mir angegebenen Beispielen und weiterhin der Anwendung der Gesetze auf praktische Aufgaben des Lebens gestellt werden können.

Unter dem Titel „Denkaufgaben“ finden sich heute schon da und dort in Zeitschriften und Lehrbüchern solche Anfgaben eingestreut. In der Naturlehre für die Unterstufe von Höfler und Poske sind am Schlusse 123 solcher „Denkaufgaben“ zusammengestellt. In Sammlungen von sogenannten „Vexieraufgaben“ findet sich manche Perle von Denkaufgaben. Aber systematisch und vor allem mit Kenntnis ihres fundamentalen Erziehungszweckes sind sie bis jetzt nicht verwertet. Weist nicht schon die kuriose Bezeichnung „Denkaufgaben“ darauf hin, daß die andern Aufgaben, die eben der naturwissenschaftliche Unterricht für gewöhnlich stellt, eigentlich wenig zum selbständigen Denken veranlassen?

Diese Kritik soll uns aber nicht hindern, gleichwohl von dankbarer Verehrung für Noack, Hahn und andre Vorkämpfer der physikalischen Schülerübungen in Deutschland erfüllt zu sein, die sich für alle Zeiten ein ausgezeichnetes Verdienst um die Einführung dieser Übungen in unsern höheren Schulen erworben haben. Ich habe auch die Überzeugung, daß die spärliche Zeit, welche dem naturwissenschaftlichen Unterricht an den Gymnasien und Realgymnasien eingeräumt ist und eingeräumt werden kann, nicht wenig dazu beigetragen hat, diese Schülerübungen nicht über einen Anweisungsbetrieb hinaus zu entwickeln, der im Anfangsunterricht bei Einführung in die mannigfachen Gesetze der Physik und bei der Unerfahrenheit des Schülers in den Methoden des Forschens nicht ganz vermieden werden kann.

Vor allem aber bemerke ich, daß man die physikalischen Schülerübungen nicht auf die Entdeckung physikalischer Gesetze einstellen darf. Auch die Wiederholung der Demonstration des Gesetzes, die der Lehrer vorgenommen hat, in den Schülerübungen ist nur in gewissen Fällen zweckdienlich. Das Erste ist viel zu schwierig, das Zweite für den Schüler nicht fesselnd genug, da ja der Schüler von der Gültigkeit des Gesetzes durch das sorgfältig durchgearbeitete Experiment des Lehrers überzeugt ist. Die mancherlei Enttäuschungen, welche solche Schülerübungen gebracht haben, und die einige Lehrer sogar zur Verwerfung der Schülerübungen führten, rühren nur von den übertriebenen, bzw. überflüssigen Aufgaben her. Das Hauptarbeitsfeld für diese Übungen liefern die Anwendungen der Gesetze, genau wie in der Mathematik die Anwendung der Lehrsätze oder wie in den Übersetzungsübungen die Anwendungen der grammatikalischen Regeln auf vorliegende sprachliche Gebilde. Die Praxis der Hochschulen ist seit mehr als 50 Jahren nur auf solche Anwendungen eingestellt. Dabei geben nicht die schlechteste geistige Schulung jene Übungen, in denen Mängel in der Funktion der Apparate aufgedeckt werden sollen, die der Anwendung zur Verfügung gestellt werden, natürlich Mängel, auf welche der Schüler durch systematische Untersuchung der Apparate selbst stoßen kann. Ich erinnere mich noch mit großem Vergnügen der Lokomotive auf einer Maschinenbauschule, die man auf alle Untugenden einstellen konnte, und auf den Eifer der Schüler, die Quelle dieser Untugenden in einem systematischen Vorgehen zu entdecken. In der Art und Weise wie einfache Arbeiter etwa Störungen einer elektrischen Leitung, eines elektrischen Türschlusses oder einer mangelhaft funktionierenden Heizung, einem Fehler im Automobile oder Motorrade nachgehen, kann man sehr gut den systematisch denkenden von dem ratlos tastenden Menschen unterscheiden.

Auch die meisten Lehrbücher für chemische Schülerübungen stellen ähnliche, wenn auch nicht so ausschließliche Rezeptensammlungen dar, obwohl hier in der Materie selbst weniger Veranlassung gegeben wäre. Auch die mineralogischen

Schülerübungen, die noch relativ selten sind, ebenso die biologischen kranken daran. Nur die Bestimmungsübungen in Botanik und Zoologie sind naturgemäß frei davon. Aber sie leiden an einer durchgängigen Gleichförmigkeit des Verlaufes im Denkverfahren und werden daher niemals auch nur entfernt einen Ersatz bieten können für die mannigfaltigen täglichen Übungen im logischen Denkverfahren, wie sie die Übersetzungsübungen so ungesucht von selbst darbieten.

Ein einziges Beispiel wird das deutlich zeigen. Ich nehme eine auch den meisten Laien bekannte Pflanze, die weiße Taubnessel, Lamium album. Der Schüler soll die ihm, wie wir annehmen wollen, unbekannte Pflanze bestimmen. Der Schüler kann entweder ganz ab ovo beginnen, etwa nach dem dichotomen Schema, das Kraepelin in seiner Exkursionsflora gibt, oder er hat bereits einen Begriff der Lippenblütler und erkennt an dem konstitutiven Merkmal der charakteristischen Blumenkrone, die zwei oder vier Staubgefäße einschließt, diesen Begriff und beginnt seine Bestimmung bereits mit der Einreihung der Pflanze in diese Familie. Das Bestimmungsbuch, das dem Schüler zur Identifizierung der Pflanze verhelfen soll, teilt nun den Begriff der Labiaten durch Teilung (meist dichotom, seltener trichotom) in Unterbegriffe, von denen die nächstfolgenden dem unmittelbar vorausgehenden untergeordnet sind, so lange, bis es beim betreffenden Artbegriff stehen bleibt. Mit Hilfe dieses Begriffsschemas geht nun gleichförmig die Schlußweise vor sich nach dem Schema des modus tollens oder des modus ponens der disjunktiven Schlüsse: Die zu bestimmende Pflanze ist ein Labiat, ihre Blumenkrone ist alo entweder einlippig (Begriff U_1) oder zweilippig (Begriff U_2) oder vier- bis fünfzipflig (Begriff U_3). Die Beobachtung ergibt U_2. Das Buch teilt weiter: Die Pflanzen U_2 haben entweder ganzrandige Blätter (Begriff U_{21}) oder gezackte, gesägte, gekerbte Blätter (Begriff U_{22}). Die Beobachtung ergibt N_{22}. Das im Buch gegebene Schema fährt weiter: Die Pflanzen U_{22} haben entweder eine fast regelmäßig vier- bis fünfzipflige Krone (Begriff U_{221}) oder eine Krone mit deutlicher Ober- und Unterlippe (Begriff U_{222}). Die Beobachtung ergibt U_{222}. Und so fährt die Untersuchung weiter. Denkschwierigkeiten stellen sich nur dann ein, wenn entweder die Merkmale der Pflanze nicht deutlich genug ausgeprägt sind, um durch Beobachtung ihre Identität mit den Merkmalen des im Bestimmungsbuch angegebenen Begriffes $U_{\alpha\beta\gamma\ldots}$ mit Sicherheit feststellen zu können, oder wenn die Formbegriffe des Schülers selbst nicht klar genug sind. Diese Unklarheit ist besonders am Anfang nicht selten, weil gerade erst die Bestimmungsübungen das Mittel bilden müssen, jene Formbegriffe immer klarer zu gestalten. In beiden Fällen stellen sich entweder Vermutungen ein oder die Bestimmung bleibt aus. Jede Vermutung muß durchgeführt werden, bis sich deutliche Widersprüche ergeben, was, sofern das Bestimmungsbuch gut gearbeitet ist, stets der Fall sein wird. Ist auf diese Weise die Art endgültig bestimmt, so erfolgt die Verifikation, indem durch Beobachtung die beim Artbegriff noch weiter oft recht zahlreichen Angaben besonderer Merkmale nebst Standort, Blütezeit, Häufigkeit des Vorkommens usw. mit den Merkmalen der vorliegenden Pflanze identifiziert werden.

Wir sehen, das Denkverfahren ist ein durchaus gebundenes. Der Scharfsinn, die Intuition, spielt dabei fast keine Rolle, und die Prüfung der Vermutungen vollzieht sich nicht kausal, sondern formal, genau wie beim Zeichnen. Der Beitrag solcher Übungen für die geistige Zucht ist daher sehr bescheiden.

Die Umkehrung des Verfahrens, die Herstellung des Begriffsschemas aus einer Anzahl von vorliegenden Arten ist meist fruchtbarer. Ich lege dem Schüler die in Deutschland blühenden Lamiumarten, natürlich ohne weitere Bezeichnung, vor: Lamium album, L. purpureum, L. maculatum, L. amplexicaule, Orvola, Galeobdolon. Der Schüler soll die Bestimmungstabelle aufstellen. Hier ist seinen Vermutungen ein ungleich größerer Spielraum gegeben. Welche Merkmale will ich als konstitutive nehmen? Zunächst die Farbe; die fällt unmittelbar als Unterscheidungsmerkmal in die Augen. Album hat weiße, Galeobdolon gelbe, die vier andern haben purpurne Blüten. Wie soll ich die vier andern durch konstitutive Merkmale auseinanderhalten? Ich untersuche die Blüten auf ihre Staubfäden und Stempel, ich vergleiche die Blätter nach ihrem Rande und nach ihrer Befestigung am Stengel, ich suche nach Verschiedenheiten in den Früchten, ich forsche nach den Standorten, der Blütezeit, ich suche zu erfahren, ob die Pflanze einjährig oder ausdauernd ist usw. Bei schwierigeren Problemen müssen die Vermutungen auf mikroskopische Formmerkmale kommen, um die begriffliche Trennung herbeizuführen. Bisweilen zeigen einzelne der vorliegenden Exemplare ihre konstitutiven Merkmale nicht in voller Deutlichkeit. Der Lehrer kann vielerlei Formen derselben Art absichtlich beigeben. Dabei ergibt sich eine Fülle von Mutmaßungen und Vergleichungen, die nicht aus gegebenen Vorschriften sich entwickeln, sondern frei aufsteigen. Natürlich, das eine bleibt immer bei allen Bestimmungsübungen: es handelt sich nicht um kausale, sondern um formale Beziehungen, durch welche die Vermutungen ihre Bestätigung oder Nichtbestätigung finden. Im vorliegenden Falle wird wahrscheinlich der Schüler zunächst das Merkmal des Blattansatzes als Einteilungsgrund wählen; dadurch scheidet er von vornherein von den vier Arten mit roten Blüten das Lamium amplexicaule aus, dessen obere und mittlere Blätter den Stengel der Pflanze umfassen, während die Blätter der drei andern Arten durchweg an Stielen sitzen. Indem er nun die drei Formen mit gestielten Blättern untersucht, findet er eine Form, deren Staubbeutel kahl sind, während die zwei andern Formen behaarte Staubbeutel haben. Durch dieses konstitutive Merkmal ist nun auch Lamium orvola mit kahlen Staubbeuteln abgetrennt. Es bleiben nunmehr zwei Arten zu unterscheiden. Der Schüler findet bei der einen Art die Blumenkrone fast durchgängig größer als bei der andern. Ein unsicheres Merkmal. Auffallend ist ihm auch, daß die Pflanzen mit größeren Blumenkronen auch eine viel bedeutendere Gesamthöhe haben als die mit kleinen Blumenkronen. Sollten beide Formen nur verschiedene Ernährungsformen derselben Art sein? Er vergleicht weiter und entdeckt, daß bei der größeren Pflanze die Blätter ungleich gesägt, bei der kleineren stumpf gekerbt sind. Das ist ein wesentliches Formmerkmal. Vielleicht genügt es zur Scheidung. Aber Blattbildungen können variieren. Es bleibt nichts übrig als die Standorte der Pflanzen aufzusuchen und die Pflanzen selbst längere Zeit zu beobachten; dies kann dann auf ein sicheres Trennungsmerkmal führen: die in der Gesamthöhe und in der Größe der Blumenkrone von der andern Pflanze nicht unbeträchtlich verschiedene ist eine ausdauernde, die andre eine einjährige Pflanze. Die Division des Begriffes Lamium in ihre Unterbegriffe ist gefunden, die Aufgabe ist gelöst. Die Verifikation liegt in der Zuverlässigkeit der so gewonnenen Bestimmungstabelle bei zukünftiger Bestimmung von Lamiumarten. Dabei kann die Tabelle sehr wohl eine Rektifikation erfahren. Nicht im vorliegenden Falle. Aber die Farbe der Blüte beispielsweise ist keineswegs in allen Fällen ein untrügliches Merkmal. Auch sind die Bastardbildungen möglich und in Ausnahmefällen auch wirklich vorhanden.

Die Denkprozesse bei den Bestimmungsübungen gleichen vollständig den Denkprozessen bei der Herstellung der rein grammatikalischen Beziehungen im Satze. Auch hier wird aus der Form der Worte auf ihre Zugehörigkeit zu einem bestimmten Begriff (Substantiv, Verbum, Adjektivum usw., Tempus, Modus, Kasus, Genus, Numerus usw. und allen ihren Unterbegriffen, Subjekt, Prädikat, Objekt, adverbiale Bestimmung usw.) geschlossen. Aber, und daraus ergibt sich ein fundamentaler Unterschied, während bei den Bestimmungsübungen in Zoologie, Botanik und Mineralogie die formalen Kennzeichen zur Lösung der Aufgaben vollständig ausreichen, ist dies bei den Übersetzungsübungen nur in den primitivsten Fällen gegeben. In den allermeisten Fällen müssen die logischen Kennzeichen den Ausschlag geben. Die formalen Merkmale sind hier wie auch in den von mir angeführten zwei Beispielen aus der Physik und Chemie nur Indizien, die uns zu gewissen Vermutungen führen. Die Vermutungen selbst aber müssen auf Grund und

Folge hin geprüft werden, ehe ihre Annahme gestattet ist.

Welche naturwissenschaftlichen Unterrichtsgebiete wir also betrachten mögen, das Ergebnis ist, daß die beschreibenden Naturwissenschaften, losgelöst von den Geistesübungen, wie sie die Biologie fordert und wie sie beispielsweise so trefflich in den botanischen und zoologischen Schülerübungen für die oberen Klassen der Volksschule von Studienprofessor Cornel Schmitt herausgegeben sind (Verlag Datterer, Freising, 1913 und 1920), in Hinsicht auf die Schulung im Denkverfahren überhaupt nicht in Wettbewerb treten können mit den Übersetzungen aus den alten klassischen Sprachen. Die exakten Naturwissenschaften würden an sich zwar vollständig die Möglichkeit dazu bieten, vermögen sie aber in Wirklichkeit bei den gegenwärtigen Verhältnissen des Unterrichtsbetriebes nicht auszunützen. Je ehrlicher wir uns dies eingestehen, desto eher werden wir Mittel und Wege finden, die gegebenen Möglichkeiten auch zu Wirklichkeiten zu machen.

Aber in der Durchbildung des Denkverfahrens allein und in der festen Gewohnheit, es in allen Fällen anzuwenden, besteht noch nicht die ganze geistige Zucht. Ein drittes Merkmal geistiger Zucht ist das Bedürfnis nach eindeutiger Zuordnung eines Begriffes zu einem Wortsymbol. Dieses Bedürfnis hat allerdings jede Wissenschaft; aber dieses Bedürfnis entwickelt nicht jeder Unterricht, ja er kann es vielleicht gar nicht, namentlich da nicht, wo wie in den Sprachen die ganze Mannigfaltigkeit aller im Sprachschatz eines Volkes niedergelegten Begriffe Material ist, an dem sich die Denkübungen vollziehen. Gewiß nötigt das Übersetzen vor allem aus der Muttersprache ins Lateinische oder Griechische, gewisse Begriffe, welche das Altertum noch nicht kannte, scharf zu durchdenken, um ihren Inhalt, wenn nötig, durch einen ganzen Satz oder durch mehrere Sätze auszuschöpfen. Aber diese Forderung tritt bei weitem nicht bei allen Begriffen ein.

Ganz anders liegen die Verhältnisse beim mathematischen und naturwissenschaftlichen Unterricht. Hier ist die Begriffsbildung selbst auch schon im Unterricht von fundamentaler Bedeutung. Alles Denken wird um so exakter, je eindeutiger die Begriffe formuliert sind, mit denen es operiert. Die Möglichkeit dieser Exaktheit beruht auf der Eindeutigkeit der geometrischen Formbegriffe, der physikalischen Definitionen und

Maßbegriffe, der Zahlbegriffe und der ausnahmslosen Gültigkeit der Naturgesetze. Diese Eindeutigkeit und Allgemeingültigkeit ist so groß, daß ein und dasselbe Wort, ein und dasselbe Symbol bei allen Menschen der ganzen Welt, die sich mit den betreffenden Wissenschaften eingehend befaßt haben, ein und denselben Begriff bis zur völligen Identität auslöst. Daher jenes Gefühl absoluter Sicherheit bei allen jenen Schlüssen, die mit diesen Symbolen erarbeitet werden, ein Gefühl, das schon den Anfänger fasziniert, vor allem bei quantitativen Untersuchungen, die ja nichts andres sind als Vergleichungen von qualitativ gleichartigen Erscheinungen mit Hilfe der eindeutigen Maß- und Zahlbegriffe.

In allen andern Wissenschaften, Logik ausgenommen, gibt es ganz unvergleichlich mehr Fälle, in denen diese absolute Sicherheit fehlt, nicht zum wenigsten beim Übersetzen aus einer Sprache in die andre. Der zu übersetzende Gedanke kann häufig genug in einer bald kleineren, bald größeren Zahl von Nuancen wiedergegeben werden, die streng genommen durchaus nicht identische Wiedergaben des ursprünglichen Gedankens sind. „Impavidum ferient ruinae“ übersetzt Emanuel Geibel mit: „Die Trümmer begraben einen Unverzagten", Ernst Günther mit „Ein Furchtloser findet in den Trümmern den Tod", Adolf Bacmeister mit „Die Trümmer treffen noch einen Helden". Man könnte gewiß die Zahl der verschiedenen Übersetzungen bloß der Schlußzeile des zweiten Verses dieser Ode, gar nicht zu reden von den beiden ersten Versen oder der ganzen Ode, noch vermehren. Selbst die völlige Beherrschung zweier Sprachen gibt beim Übertragen der Gedanken keine durchgängige Sicherheit, weil eben die Bedeutung des Wortes in der einen Sprache auf die Bedeutung des Ersatzwortes in der andern Sprache nicht eindeutig beziehbar ist und weil das Übersetzen nicht im Übertragen von Wörtern, sondern von Gedanken besteht, welche nur in ganz konkreten Fällen durch Worte völlig getreu wiedergegeben werden können. Für den Reichtum an Vermutungen freilich und damit für den Reichtum an Anreizen, diese Vermutungen logisch zu verfolgen, gibt es daher kaum ein besseres Feld als das Übertragen von Gedanken aus einer Sprache in die andre. Aber dieser Reichtum muß nur zu oft erkauft werden durch die Sicherheit des Ergebnisses.

Die strenge Formulierung der Begriffe zwingt aber nicht nur zu eindeutigen Wortsymbolen, sondern auch zu präzisen Definitionent Dieser Zwang wird am Anfang vom Schüler meist unbehaglich empfunden. Denn er nötigt immer und immer wieder die so gern abschweifende und ermüdende Aufmerksamkeit auf das Wesentliche zu konzentrieren, die konstitutiven Merkmale des Artbegriffes sowie des nächst höhern Oberbegriffes im Auge zu behalten und bei keiner Arbeit aus dem Bewußtsein zu verlieren. In den ersten Zeiten der naturwissenschaftlichen Schulung wird es häufig genug nicht möglich sein, den Schüler so zu führen, daß sich ihm die wesentlichen Merkmale einer Erscheinung von selbst aufdrängen. Das ist ja eben das Zeichen der besondern Begabung für diesen Unterricht, daß beim Begabten gerade diese Fähigkeit etwas zu entdecken häufiger eintritt als bei dem für solche Arbeiten Unbegabten. Aber selbst der Begabte kann in der ersten Zeit der Führung nicht entbehren, die ihn einführt in die Methoden der Beobachtung, bei der die bloß empirische Sinnesbetätigung selbst eine verhältnismäßig bescheidene Rolle spielt. Aber wenn auch der Schüler zunächst und in vielen späteren Fällen durch den Lehrer auf die konstitutiven Merkmale eines Begriffes geführt werden muß, sobald er sie einmal erfaßt hat, ist er bei allen Arbeiten mit dem Begriff durch eiserne Klammern an sie gebunden, und die richtige sprachliche Formulierung im Denkverfahren und damit das Denkverfahren selbst gelingt nur, wenn die Aufmerksamkeit beständig auf die durch dieses Merkmal festgelegten Bedingungen oder Voraussetzungen gerichtet ist.

So führt ein sorgfältiger Betrieb des mathematischen und physikalischen Unterrichtes gewissermaßen zwangsweise zu einer Präzision des sprachlichen Ausdruckes, wie kaum ein anderer Unterrichtsbetrieb, und damit zu einer geistigen Zucht, die dem Denkverfahren selbst wieder zugute kommt. Denn auf keinem andern Unterrichtsgebiete führen Lässigkeit, Ungenauigkeit und Unachtsamkeit auf die Voraussetzungen so sicher zu völligem Scheitern des Denkverfahrens, und — was noch wichtiger ist — zur eigenen Erkenntnis dieses Scheiterns' als im Gebiete der Mathematik, Physik und auch in gewissen Teilen der Chemie.

Dabei drängt in diesen Wissenschaften die Menge der Begriffe von selbst zum Zusammenschluß in einem geordneten System mit immer höheren, allgemeineren, umfassenderen Begriffen, und damit zu einer frühzeitigen Ordnung der Vorstellungsmassen. Zum Bedürfnis einer philosophischen Propädeutik führt den Schüler der höhern Schulen am ehesten noch der richtige und ausgiebige Betrieb von Mathematik und Naturwissenschaften. Ob diese geistige Ordnung, die ja zunächst nur den naturwissenschaftlichen Vorstellungskreis beherrscht, zum Bedürfnis auch für andre Vorstellungskreise wird, ob auf solcher Grundlage die gesamte Vorstellungswelt des Menschen, ich sage nicht des Schülers, später von der Sehnsucht nach Widerspruchslosigkeit erfaßt wird, das hängt noch von andern Bedingungen ab, die hier nicht zu erörtern sind. Jedenfalls aber ist mehr Wahrscheinlichkeit für das „Anpassen aller Gedanken untereinander", wie sich Mach ausdrückt, gegeben, wenn die Seele einmal auf einem in sich abgesonderten Teilgebiet die Wohltat und den Segen einer solchen Anpassung empfunden hat. Auch ist in der Jugend im allgemeinen kein solches Bedürfnis nach vollständiger Vereinheitlichung alles Denkens vorhanden. In dieser Zeit des Lebens kann die Welt des Sollens mit ihrem ungebrochenen Idealen noch sehr wohl getrennt von der des Müssens im gleichen Bewußtsein bestehen, wenn sich natürlich auch mannigfaltige Fäden bereits zwischen den beiden Welten spinnen.

Die leider gar nicht seltenen Eiferer aber, welche unsre Zöglinge schon mit einer naturwissenschaftlich-philosophischen Weltanschauung aus ihren höheren Schulen entlassen wollen, verlangen Unmögliches. Was sie ihnen geben können, ist nur ein dogmatisches Gerippe, das sie mit einem wissenschaftlichen Mantel drapiert haben. Es erscheint mir ausgeschlossen, von den verschwindend wenigen besonders kritisch veranlagten Köpfen abgesehen, im Menschen unter zwanzig Jahren den gesamten Vorstellungskreis anders als dogmatisch zu schließen. Die ethische Weltanschauung, die wir dem Zögling mitgeben, verträgt das; ja sie ist auf Dogmatik mehr oder weniger sogar angewiesen. Eine wissenschaftliche Weltanschauung aber, die dogmatisch überliefert werden muß, ist eine contradictio in adjecto. Wir dürfen unsere Erziehungsarbeit preisen, wenn es uns gelingt, auf beschränktem Wissensgebiet das Bedürfnis und den Drang nach innerer Klarheit und Ordnung der Begriffe im Schüler zu erzeugen. Alles andre müssen wir der Zukunft überlassen.

Die Achtung und Ehrfurcht vor Naturgesetzen, die einen erziehlich wertvollen naturwissenschaftlichen Unterricht krönen kann, wird bei vielen den Glauben an die Überzeugung von Gesetzmäßigkeiten auch in der Welt des Sollens stärken und Interessen für die ethischen Seiten der Männer wachrufen, welche die Naturgesetze zuerst erkannt haben. Ob dieser Glaube zu einer moralisch-philosophischen Weltanschauung führt, ist eine andre Frage. (Vgl. Kap. V und VI.)

Der Drang nach innerer Ordnung wird nun aber durch unsern gegenwärtigen Unterricht leider nicht genährt, sondern in seiner Entwicklung geradezu gehemmt. Unsre Lehrpläne können sich nicht genug tun im Überschwemmen des Schülers mit immer neuen und neuen Begriffen. Es ist ein Grundfehler besonders unsres zoologischen und botanischen Unterrichtes, in den meisten deutschen Oberrealschulen auch des physikalischen und chemischen Unterrichtes, daß er nur dann zufrieden ist, wenn er im „Überblick" schwelgen kann. Diese Seuche des Überblickes über so viele und so ungeheuer umfangreiche Gebiete beraubt zurzeit den naturwissenschaftlichen Unterricht der meisten seiner Erziehungswerte. Hier gilt „Einsicht zuerst, dann Übersicht! Sonst ist nicht Bildung, sondren Einbildung unser Unterrichtserfolg". (K. T. Fischer im Entwurf eines Lehrplanes für Physik, bayr.

Blätter für Realschulwesen, 1907, Bd. 15, Heft 3, Seite 167.) Vor 40 Jahren hat Professor Götte in Straßburg bereits eine bewegliche Klage in der damaligen Augsburger Allgemeinen Zeitung angestimmt über diesen Krebsschaden und selbst ein ausgezeichnetes Büchlein für Zoologie geschrieben, in welchem an fünf bis zehn Tieren alle wesentliche Erscheinungen, Begriffe und Gesetze auf dem Gebiete der Zoologie studiert und in inneren Zusammenhang gebracht worden waren. Etwa acht Jahre später erschienen die ersten Bücher von Schmeil, die ich so freudig begrüßt habe, die aber mit jeder Auflage immer geschwollener wurden und die mit ihren unerhörten Stoffmassen, ganz abgesehen von ihrer bis ins kleinste gehenden, oft gewaltsamen teleologischen Tendenz das Übel nur vermehren helfen. Ich muß auf diese Frage noch später eingehen.

Was ich hier noch zu betonen habe, ist die Überschätzung der Begriffsbildung in der systematischen Botanik, Zoologie und Mineralogie. Es ist wirklich keine Kunst, den Begriff Lamium, Taubnessel, zu bilden, wenn ich alle Lamiumarten vor mir habe. Der Begriff bietet auch durchaus nichts Neues, denn er enthält nur die wesentlichen Merkmale aller bereits beobachteten Arten;

sein Inhalt ist ärmer an Merkmalen, sein Umfang größer an Individuen. Der Prozeß ist so einfach, daß jedes Kind diese Art der Abstraktion vollführt. Wenn dann dieser Gattungsbegriff durch Hinzufügen von Brunellen, Stachys, Salbei, Melissen, Thymiane usw. zum Begriff der Unterfamilie der Stachydoideen, und dieser wieder durch Hinzufügen der Unterfamilien der Ajuga, der Sentellarien, Lavendel usw. zum Familienbegriff der Labiaten erweitert wird, hat der Schüler keinen einzigen neuen Denkprozeß durchzuführen. Daß der Schüler dieses Ordnen von offen daliegenden Erscheinungen lernt, das ist natürlich eine Angelegenheit, die der naturwissenschaftliche Unterrichtsbetrieb pflegen muß. Indem der Schüler diesen Prozeß auf einem beschränkten Gebiet der ungeheuren Reiche dieser drei Naturwissenschaften selbst vornimmt, etwa wie in dem von mir gegebenen Beispiel, wird er sich der Schönheit, Zweckmäßigkeit, ja Notwendigkeit der Systematik bewußt und erwirbt zugleich auch gewisse Fähigkeiten, selbst eine solche Systematik auf einem Teilgebiete durchzuführen. Aber damit sollen sich alle diejenigen Schulen genügen lassen, die ihre Aufgabe nicht darin sehen, den Ozean der Formen der organischen

Erscheinungswelt mit Hilfe eines dickleibigen Buches und ausgestopfter oder gepreßter oder gar nur abgebildeter Objekte — denn anders geht es überhaupt nicht — zu befahren, um den Schüler mit dem berühmten „Überblick" zu entlassen. Sie sollen in der geistigen Zucht ihrer Zöglinge eines ihrer Hauptziele erblicken.

Viel weniger, aber auch sehr viel schwieriger zu erwerben sind Begriffe, die nicht formale Kennzeichen zusammenfassen, sondern Zusammenhänge geben, d. i. Begriffe, deren Inhalte Gesetze sind. Aber gerade weil sich diese Begriffe nicht so einfach erwerben lassen (mitteilen wohl!), wie die Klassenbegriffe — man denke an den Begriff der Gravitation, des Potentials, der Wärmekapazität, der gleichförmig beschleuinigten Bewegung, des Trägheitsmoments des Atomgewichtes, der Wertigkeit, der Symbiose, der Mimikrie usw. — gerade deshalb erfordert ihr Erwerb eine sehr beträchtliche Menge Zeit, die keine Schule bieten kann, deren Unterricht vom Überblick gebannt ist. Um solche Begriffe zu gestalten, bedarf es auch einer eingehenden und sorgfältigen Schulung des Denkverfahrens. Was der Unterricht hierzu tun kann, ist allerdings wenig mehr als die Aufmerksamkeit auf die voneinander abhängigen Merkmale einer Erscheinung konzentrieren zu lehren, sie nicht von minder Wichtigem ablenken zu lassen und Interesse für den Zusammenhang der Tatsachen zu erwecken. „Führt man", sagt Mach in seinen Aufsätzen über Deduktion und Induktion in psychologischer Beleuchtung (Vgl. sein Buch Irrtum und Wissen) „von dem Interesse an dem Zusammenhang der Tatsachen geleitet, den Blickpunkt der Aufmerksamkeit vielfach über Tatsachen hin, ob diese nun sinnlich vorliegen oder in der Vorstellung einfach fixiert oder durch das Gedankenexperiment variiert und kombiniert sind, so erschaut man vielleicht in einem glücklichen Augenblick den fördernden, vereinfachenden Gedanken. Das ist alles, was man allgemein sagen kann. Am meisten lernt man hier noch durch sorgfältige Analyse von Beispielen erfolgreichen Nachdenkens, indem man, mit Problemen von bekanntem Mittel und Ziel beginnend, sich zu solchen wendet, in welchen das eine oder andere, weniger scharf umschrieben ist, und mit jenen schließt, welche durch eine bloße Unbestimmtheit, Komplikation und Paradoxie zum Denken antreiben." Es wird die stete Sorge der Vertreter des naturwissenschaftlichen Unterrichtes bilden müssen, den Unterricht so zu gestalten, daß diese Art der Begriffsbildung vor allem gefördert wird und daß nicht die Schwierigkeit eines Begriffes einen Grund bildet, ihn aus dem Lehrplan der höhern Schulen zu streichen, falls dieser Begriff das einzige Werkzeug ist, sicher durch die Gruppe der zu untersuchenden Erscheinungen zu führen. An den allereinfachsten Begriffen, wie sie uns zunächst roh durch die Erfahrung geliefert werden, entwickeln sich zunächst die ersten empirischen Anfänge des Denkverfahrens ohne irgendwelche bestimmte Absicht des Individuums. Allmählich aber und unter Beihilfe des Unterrichtes kommt Plan und Wille in die beiden Prozesse der Begriffsbildung und des Denkverfahrens. Dieser Plan ist es, der das Wesentliche im Begriff des Forschens ausmacht, der auf diesem Wege von den einfachsten empirischen Begriffen zu immer höheren und allgemeineren, eindeutigeren Begriffen führt, die ihrerseits dem Denkverfahren selbst wieder neue Waffen liefern. Wenn man mir entgegenhalten sollte, diese Forderung würde darauf hinauslaufen, daß die Schule Forscher zu erziehen hat, so kann ich nur sagen: Nein, nicht Forscher, wohl aber den Geist des Forschers, jenen nachdenklichen Geist, dem so vieles angeblich Selbstverständliche immer neue Rätsel aufgibt. Ob er diese Rätsel lösen kann, und wenn er es könnte, ob er gleichwohl nicht, erfüllt von andern Interessen, es vorzöge, solche Rätsellösungen von denen zu übernehmen, denen er sein volles Vertrauen schenken darf, ist eine völlig andere Frage.

Zum Abschlusse dieser Betrachtungen möchte ich noch auf zwei Einwände erwidern, die meinen Vorschlägen und Forderungen entgegen gehalten werden. Der eine betrifft den Ruf nach der Unentbehrlichkeit umfangreichen Wissens gerade für das erfolgreiche Denken, der andere betrifft die Klage über die mangelhafte Einstellung der Lehrer der Naturwissenschaften für einen Arbeitsbetrieb des Unterrichts, wie er hier empfohlen wird. Die Hochschule, so wird z. B. gesagt, könne es nicht bei der Methodik bewenden lassen; sie müsse eine allseitige „Bildung" verfolgen, die der Student einst für seinen Beruf benötige. Dem Mediziner, beispielsweise, nütze selbst eine große Gabe Scharfsinn nichts, wenn er nicht über das nötige Wissen in Physik, Chemie, Botanik, Zoologie, Anatomie, Physiologie, usw. verfüge. Ähnliches gelte für alle andern praktischen geistigen Berufe.

Dagegen ist zu erwidern: Unsere Forderungen sind im wesentlichen nur für die vorbereitenden Schulen, die Volksschulen, Berufsschulen, Gymnasien, Oberrealschulen usw. aufgestellt. Hier ist zweifellos die frühzeitige Disziplin des Geistes und des Wollens wichtiger als die frühzeitige Fülle des gedächtnismäßig anzueignenden Wissens. Denn für wertvolle geistige Zucht, für gewissenhafte objektive Geisteshaltung gibt es keinen Ersatz, und je frühzeitiger und sorgfältiger die vorbereitenden Schulen sich ihr widmen, desto besser ist es um das Hochschulstudium bestellt. Ja gerade die Hochschullehrer für Naturwissenschaften klagen viel weniger über den Mangel an naturwissenschaftlichem Wissen, das sie ja selbst in reichster Fülle übermitteln, als über den Mangel an Fähigkeit, selbständig, sorgfältig, systematisch, geistig zu arbeiten. Geistige Zucht ist ausschließlich das Ergebnis einer langjährigen Erziehung, die gar nicht früh genug einsetzen kann, damit sich nicht die schlechten Denk- und Willensgewohnheiten einmischen, die später keine Kunst mehr verjagen kann.

Sie kann aber nur dann von den vorbereitenden Schulen für geistige Arbeiter mit Erfolg betrieben werden, wenn sie den Wissenstoff auf das Notwendigste beschränken. Das bedeutet keineswegs Verachtung des Wissenstoffes; denn auch die geistige Zucht kann nicht, wie ich in der Vorrede sagte, im luftleeren Raum vor sich gehen, und die im Anhang gegebenen Lehrplanbeispiele zeigen gewiß keine „Verneinung des Erwerbs positiver Kenntnisse". Die rechte Mitte zu finden ist natürlich nicht immer leicht. Aber wir finden sie nie, wenn wir nicht das Prinzip der geistigen Zucht als oberstes Prinzip der Lehrplangestaltung aufstellen und wenn wir beständig vergessen, daß die Buchdruckerkunst bereits erfunden ist.

Was die Klage über die mangelhafte Einstellung des Lehrers auf naturwissenschaftlichen Arbeitsbetrieb betrifft, so hängt der Grund dazu gerade mit dem Ruf nach Wissen zusammen. Die Ausbildung der akademischen Lehrer wird durch die geistige Schulung der höheren Lehranstalten vorbereitet. Sehen diese ihren Ruhm in der Wissensmenge, die sie dem Hochschüler mitgeben, so wird der Hochschüler im allgemeinen den bequemen Pfad weiter wandern, für den er erzogen ist. Der durch die beiden Anstalten schwer bepackte, aber wenig an geistige Zucht gewöhnte durchschnittliche Kandidat, — Ausnahmen, die nicht umzubringen sind, gibt es natürlich immer —, stopft nun als Lehrer von neuem den Schulsack seiner Schüler, nicht zuletzt auch dank der Lehrpläne, die es ihm vorschreiben. Aus diesem Zirkel kann unsere wissensbeladene Zeit nur langsam herauskommen. Gelingen wird es nur dann, wenn uns Deutschen endlich der Einfluß der Schule auf die Geistes- und Willenshaltung mehr gilt als die Füllung des Gedächtnisspeichers.

IV. NATURWISSENSCHAFT UND DIE ENTWICKLUNG DER SOGENANNTEN BEOBACHTUNGSBEGABUNG

Unter allen Erziehungswerten nun ist keiner so „selbstverständlich" dem naturwissenschaftlichen Unterricht zugewiesen worden als jener der Schulung der Beobachtungsbegabung. Ob es solche Begabung überhaupt gibt und, wenn sie vorhanden ist, worin sie besteht, welches ihr „psychologischer" Ort ist, darüber ist in den mannigfachen Darstellungen der Bedeutung des naturwissenschaftlichen Unterrichts wenig oder gar nichts zu finden. Einige Untersuchungen hierüber habe ich nur bei Richard Baerwald in seiner „Theorie der Begabung" (Leipzig, O. R. Reisland 1896) gefunden. Sein Versuch einer kausalen Erklärung der Beobachtungsbegabung hat aber nach seinem eignen Geständnis nur eine nicht einmal den Autor befriedigende Lösung gefunden.

Die Tätigkeit des „Beobachtens" schließt vor allem eine Absicht des Beobachtens ein. Es unterscheidet sich dadurch vom bloßen „Wahrnehmen", einer Tätigkeit, die keinen weitern Zweck verfolgt. Ich kann nur so viel beobachten, als ich beobachten will; daß dabei alsdann bisweilen Wahrnehmungen uns aufstoßen, die nicht gewollt waren, das ist eine ganz andre Sache. Von Bedeutung werden diese Wahrnehmungen nur dann, sobald sie sich unserm Bewußtsein als „merkwürdig" aufdrängen, sobald sie uns vor eine Frage stellen. In diesem Augenblick aber geht schon die unwillkürliche Tätigkeit des Wahrnehmens in die willkürliche des Beobachtens über. Alles Beobachten arbeitet natürlich zunächst mit dem früher gewollt oder ungewollt aufgestapelten Erfahrungsmaterial. Wenn ich zum erstenmal in meinem Leben unter dem Mikroskop, ohne daß ich vom Bau der Pflanze eine Ahnung habe, einen der schönen Stengelquerschnitte betrachte, nehme ich eine Menge von Wahrnehmungsbildern auf, die mir nur so weit bewußt werden, als sie gewisse Vorstellungen und Begriffe, in meiner Erinnerung auslösen und zu assertorischen oder doch hypothetischen Urteilen führen. Etwas ganz andres ist es, wenn ich botanisch geschult bin und vielleicht gar schon Hunderte von Querschnitten gesehen habe. Sofort setzt das vergleichende Beobachten ein, geleitet von Begriffen und Vorstellungen, das tastend über das Objekt hinweggleitet wie die Fühler einer Ameise über den fremden Körper im Wege. Die Tätigkeit des Beobachtens kann dabei von der Absicht auf die Fixierung rein formaler Beziehungen gerichtet sein, wie beim Systematiker oder beim Zeichner, oder auf die Feststellung von räumlichen Verhältnissen, von Qualitäten der Farbe, von Bewegungserscheinungen, oder von irgendwelchen anatomischen Einzelheiten, immer geleitet von Form-, Farb-, Bewegungs-, Strukturvorstellungen, welche die Aufmerksamkeit zum Vergleichen veranlassen. Dabei erweitert sich mehr und mehr die Erfahrung. Das ist aber der Zweck der Absicht. Je größer auf solche Weise die Erfahrung wird, desto erfolgreicher wird die Beobachtertätigkeit verlaufen; je geringer die Erfahrung ist, desto kümmerlicher sind die Ergebnisse.

Hierbei wird nun sofort eines klar: Wer beispielsweise das Sonnenspektrum auf Fraunhofersche Linien zu beobachten versteht, oder den Querschnitt eines Pflanzenstengels auf Lagerung der Gefäßbündel, der versteht noch lange nicht ein Landschaftsbild von Hobbema zu beobachten. Und wer die Fähigkeit sich für beides erworben hat, dem kann eine Bachsche Fuge oder eine Beethovensche Symphonie, aus der ein gebildeter Musiker eine Fülle von Einzelheiten wahrnimmt und sie in eine ästhetische oder logische Beziehung setzt, völlig wie ein wildes Chaos von Tönen und Stimmen erscheinen. Der Setzer sieht in dem gedruckten Texte völlig andere Dinge als der Philologe, und dieser nicht selten wieder andere als der literarische Feinschmecker. Der Weinprüfer beobachtet tausendmal mehr Feinheiten mit seiner Nase und Zunge als der beste Chemiker jemals mit seinen Reagenzien zu beobachten imstande ist. Ein Maler mag sein ganzes Leben lang Landschaften beobachten, er wird stets andere Dinge beobachten als der Geologe oder Geograph, dem wahrscheinlich in den meistenFällen alle die Feinheiten, die der Maler entdeckt, auf immer verborgen bleiben.

Wir beobachten also zu dem Zwecke, unsere Vorstellungswelt nach einer bestimmten Richtung hin zu erweitern. Dabei wird die Vorstellungswelt vermöge der psychologischen Synthese beständig umgestaltet. Ist die Beobachtung nicht auf bestimmte Formen oder irgendwelche andre Qualitäten gerichtet, sondern auf kausale Zusammenhänge, so geschieht sie auch in diesem Falle im

Interesse der Erweiterung unsrer Vorstellungs- und Gedankenwelt, mit der nämlichen Wirkung der Umgestaltung unserer Gedanken. Mach definiert daher einmal ganz kurz die Beobachtung geradezu als die absichtliche Anpassung der Gedanken an die Tatsachen. (Erkenntnis und Irrtum, 1. Auflage, 1905, Seite 163.)

Aus diesen Betrachtungen geht fünferlei hervor:

Erstens: Eine einheitliche Beobachtungsbegabung gibt es nicht. Es gibt so viel Beobachtungsbegabungen, als wir, um mich kurz auszudrücken, äußere und innere Sinne haben, wobei ich unter innerem Sinn jene intellektuelle Anlage verstehe, die ihren Besitzer für irgendeinen der bekannten wissenschaftlichen, künstlerischen oder sozialen Berufe befähigen, zum Musiker, zum Maler, zum Bildhauer, zum Architekten, zum Dichter, zum Forscher, zum Techniker usw. Daher kann jemand auf einem Gebiet ein ausgezeichneter Beobachter sein, auf einem ihm völlig disparaten Gebiet aber auch völlig versagen. Ja selbst innerhalb der einzelnen Anlagengruppen mit ihrer vermeintlichen Einheitlichkeit muß es noch differenzierte Befähigung für Beobachtung geben, da ich mir sonst nicht erklären könnte, wieso es so vielen glänzenden Karikaturenzeichnern versagt ist, von Übertreibungen freie, künstlerisch wertvolle Porträts herzustellen.

Zweitens: Alles Beobachten wird von einer deutlichen Absicht geleitet. In unserm Beispiel der Untersuchung der sechs deutschen Lamiumarten war die Absicht, einen Klassenbegriff für die Individuen zu finden und diesen Klassenbegriff womöglich dichotom in seine Unterbegriffe zu teilen. Dabei machte der Schüler natürlich eine Menge neuer, vorher ganz „unbeachtet" gebliebener Wahrnehmungen. Man spricht dabei oft von einer auffallenden Beobachtung. Man sollte von einer auffallenden Wahrnehmung reden, die sich gelegentlich einer Beobachtung dem Bewußtsein aufgedrängt hat. Eines der Generalmittel für solche Fälle ist das Vergleichen. So machte der Schüler die Entdeckung von behaarten Staubbeuteln bei Lamium maculatum und purpureum, eine Wahrnehmung, die ohne diese Absicht den meisten Schülern wahrscheinlich entgangen wäre. So ist Guericke, als er lediglich die Absicht verfolgte zu ermitteln, wie hoch er durch Ansaugen Wasser in einem Rohr zum Steigen bringen könnte, zu der Wahrnehmung gekommen, daß die Wassersäule durch Ansaugen sich nicht über 10 m Höhe bringen läßt, eine Wahrnehmung, die dann intuitiv diesen genialen Forscher auf die Vermutung des Luftdruckes geführt hat.

Drittens: Alles Beobachten ist nicht nur ein Wahrnehmen, sondern auch ein Urteilen und Schließen. Es gibt kein Beobachten, das nicht denkend ist. Der Ausdruck „denkendes Beobachten", der sich in so vielen Lehrbüchern findet, ist eine Tautologie. Eine der leichtesten Formen des Denkens ist das Vergleichen von Dingen oder Erscheinungen, oder Begriffen gleicher Qualität. Aber schon das einfache Vergleichen ist, da ja alle Dinge und Begriffe, häufig genug auch die Erscheinungen, komplexe Gebilde sind, ohne Zerlegung der Dinge, Erscheinungen, Begriffe in ihre einzelnen Merkmale nicht möglich. Die Analyse ist also im allgemeinen ein wesentlicher Faktor der Beobachtungstätigkeit.

Aber nicht bloß diese, auch die Synthese und Verifikation treten als Denkprozesse einer selbständigen erfolgreichen Beobachtungstätigkeit auf, kurz der selbständige Beobachtungsakt verläuft genau in der Weise des Denkverfahrens, wie wir es im zweiten und dritten Kapitel kennen gelernt haben, sobald nur das zu Beobachtende nicht schon von vornherein dem Beobachter völlig bekannt gegeben oder das Beobachtungsverfahren nicht in allen einzelnen Teilen vorgeschrieben ist. So war es eine uralte Wahrnehmung, daß der Phosphor eine rote Farbe annimmt, wenn er einige Zeit dem Lichte ausgesetzt wird. Bis zum Jahre 1850 wußte man die Erscheinung nicht zu erklären, obwohl mancherlei Vermutungen darüber in Gelehrtenkreisen kursierten. Erst indem Schrötter die von Leopold Gmelin aufgestellte Anschauung, es handle sich hier um eine Oxydbildung, die ihren Sauerstoff aus dem stets vorhandenen Wassergehalt des Phosphors nehme, bezweifelte, und seine neue, noch ganz unbestimmt gehaltene Vermutung, daß der Sauerstoff möglicherweise hier überhaupt keine Rolle spiele, einer experimentell (vgl. S. 149) gerichteten Beobachtung unterzog, und zwar auf zweierlei Weise und unter mancherlei Verifikationen (vgl. Poggendorfs Annalen, 81. Bd. S. 276), konnte er die einwandfreie Erklärung für die beobachtete Erscheinung geben, daß es sich hier um einen neuen allotropen Zustand des Phosphors handelt.

Die glänzenden Lichterscheinungen der Geißlerschen Röhren waren wohl bekannt. Tausende und Abertausende hatten sich daran ergötzt, bis

Crookes im Jahre 1879, indem er das Verhalten dieser Röhren unter ständiger Steigerung der Luftverdünnung beobachtete, in ihnen zuerst die von der Kathode geradlinig ausgehende Strahlung nicht bemerkte, sondern erschloß, in der er einen vierten Aggregatzustand der Körper, die „strahlende Materie" entdeckt zu haben glaubte. Denn diese Kathodenstrahlen waren nicht sichtbar; nur die Fluoreszenzerscheinungen auf der der Kathode gegenüberliegenden Glaswand deuteten auf unsichtbare Strahlen, und Aluminiumkreuze, Baryumplatinzyanürstreifen und Diaphragmen, drehbare Rädchen mit Glimmerflügeln, alles nacheinander in den vermutlichen Strahlengang gestellt, dienten der Verifikation. Inzwischen verliefen 16 volle Jahre. Hunderte von Physikern beschäftigten sich mit den neuen merkwürdigen, unsichtbaren, im Glase Fluoreszenz erregenden Erscheinungen, bis Röntgen im Dezember 1895 einen neuen Fluoreszenzversuch machte, der ihn veranlaßte, nicht bloß das Zimmer zu verdunkeln, sondern auch die Hittorfsche Röhre ganz in lichtundurchlässigen Karton einzuhüllen (vgl. Boltzmann, Populäre Vorlesungen, 1905, Röntgens neue Strahlen, S. 191). Die systematischen Beobachtungen, die er nun anstellte, und zu denen er durch Wahrnehmung des Aufleuchtens eines Schirmes mit Baryumplatinzyanür im völlig dunkeln Zimmer veranlaßt war, das jedesmal eintrat, wenn er einen Strom durch die Hittorfsche Röhre schickte, führten ihn zur Entdeckung (Beobachtung) der nach ihm benannten Strahlen und ihrer Eigenschaften.

Als Kirchhoff im Jahre 1857 das ersehnte Flintglasprisma erhielt, das erste, das Fraunhofer selbst geschliffen hatte, ging er sofort an die Arbeit, die Lage der gelben Linie der Natriumflamme mit der Lage der *D*-Linie im Sonnenspektrum zu vergleichen. Er war überzeugt von der Identität der Lage und vermutete nur die schwarze *D*-Linie hell zu sehen, wenn er die Natriumflamme zugleich mit dem Sonnenspektrum ins Gesichtsfeld des Spektroskops brächte. Dies schien auch bei grauem schwachem Wolkenlichte der Fall zu sein. Als er aber auch bei hellem Sonnenschein die vergleichende Beobachtung vornahm, verdunkelte sich die *D*-Linie im Spektrum ganz erheblich, anstatt daß sie sich aufhellte. Er hatte eine fundamentale Beobachtung gemacht. Schon am nächsten Tage war ihm der Sinn dieser Beobachtung, die ihn nicht mehr losließ, aufgegangen: „Jeder Körper (genauer „jeder glühende Dampf") absorbiert genau dasselbe Licht, das er aussendet". Eine Menge von Verifikationen bestätigen sofort die Richtigkeit der Erklärung. Die Beobachtung hatte der Welt den Kirchhoffschen Satz von der Beziehung zwischen Absorptions- und Emissionsvermögen geschenkt.

Man sieht, die Beobachtungstätigkeit ohne jede Unterscheidung, worauf sie gerichtet ist, vom Prozeß intensiver Denktätigkeit trennen zu wollen, ist ein kurzsichtiges Bemühen. Beobachtungsbegabung üben heißt in einer Fülle von Fällen immer auch die Denkfähigkeit üben. Der Irrtum, der eine solche generelle Isolierung der sogenannten Beobachtungsbegabung erzeugte, rührt zweifellos davon her, daß man die Beobachtung von Qualitäten und Quantitäten sowie von Raum- und Zeitverhältnissen, welche allerdings die weitaus größere Zahl der Beobachtungen des täglichen Lebens, der Wissenschaft und der Kunst umfaßt, nicht von jenen unterschied, die sich mit den Modalitäten und Relationen, vor allem mit der Kausalität der Erscheinungen befassen. Aber selbst das Beobachten von Qualitäten und Quantitäten ist nicht ohne ein Beurteilen des Wahrgenommenen und ohne einfachste Syllogismen möglich.

Viertens: Kein Beobachten ist möglich ohne Aufmerksamkeit; hinter der Aufmerksamkeit steht die sie leitende Absicht, hinter der Absicht der heteronome Befehl des Lehrers oder das autonome Interesse, hinter dem Interesse die natürliche Begabung für besondere Tätigkeiten, oder die Kunst des Unterrichtens oder beides zugleich. Ist die letzte Quelle der Beobachtung der Befehl, so ist die Beobachtung in der Regel oberflächlich, weil die aus ihm fließende willkürliche Aufmerksamkeit immer nur ganz kurze Zeit sich fesseln läßt. Besser steht es, wenn die Kunst des Unterrichtens, am besten, wenn das eigne Interesse die letzte Quelle der Beobachtung ist. Denn die aus dem eigenen Interesse entspringende unwillkürliche Aufmerksamkeit läßt die Beobachtung nicht zur Ruhe kommen, bis sie ihren Zweck erreicht, ihre Absicht erfüllt hat. Dieses eigne Interesse ist eben nicht bloß die Wirkung eines natürlichen oder künstlichen Reizes von außen her, eines Wahrnehmungsreizes oder einer methodischen Unterrichtsmaßnahme. Es ist nicht bloß objektiv gerichtet, sondern auch subjektiv begründet. Es ist nicht bloß impulsiv, sondern auch propulsiv. Wenn nichts im Innern sitzt, was unbewußt, ungewollt, instinktiv nach Befriedigung verlangt, dann sind alle Reize der Außenwelt und alle Wünsche des Unterrichts nur von vorübergehender Wirkung. Diese teils angeborene, teils erworbene, nach einer bestimmten Richtung abzielende Aktivität, die in dem steckt, was man Interesse nennt, ist es, die das bloße Wahrnehmen zum Beobachten macht und das Bewußtsein nach einem Punkte richtet, so lange, bis seine intellektuellen Triebe befriedigt sind. (Vgl. auch das Kapitel „Interesse" in meinem Buche „Theorie der Bildung" und die dort getroffene Unterscheidung von Reizinteressen und Triebinteressen).

Fünftens: Zeichnen ist kein Generalmittel zur Förderung der Beobachtungsbegabung. Es dient lediglich solchen Beobachtungen, die auf Erweiterung der Formvorstellungen und Formurteile abzielen. Hierfür ist es allerdings ein vorzügliches Mittel. Es zwingt wie nichts andres zur Analyse der Form und damit zu Einzelheiten der Beobachtung, die ohne Zeichnen lange Zeit oder auf immer verborgen bleiben, oder nur durch recht zeitraubendes Vergleichen einer großen Mannigfaltigkeit von Formen entdeckt werden können. Aber schon zur Auffassung der konstitutiven Merkmale der Form, der charakteristischen Züge der Gestalt, führt das Zeichnen nach der Natur allein nicht. Sonst gäbe es keine Dilettanten. Was den Künstler vom Dilettanten unterscheidet, das ist die ihm angeborene intuitive Erfassung des Wesentlichen der Formerscheinung, die sich je nach der Begabung schon nach kurzer Zeit der Übung im Zeichnen und bei besonderer Begabung oft schon im frühen Knaben- und Mädchenalter ohne jeden Lehrer von selbst einstellt. Diese intuitive Erfassung des Wesentlichen des sogenannten springenden Punktes eines Vorganges oder einer Reihe von Vorgängen beim Beobachten von kausalen Zusammenhängen ist auch das Kennzeichen, das den naturwissenschaftlich Begabten vom naturwissenschaftlich Unbegabten durch eine Kluft trennt, die kein Unterricht und keine Erziehung überbrücken kann.

Man sieht also, die Beobachtungsfähigkeit ist keine einheitliche Fähigkeit der menschlichen Seele. Ihr oberster Zweck ist, die Erfahrung zu erweitern. Nicht die Deduktion oder induktive Logik besorgt dieses wichtige Geschäft, sondern die mit den verschiedenen Beobachtungsgruppen verbundene und von ihr geweckte schöpferische Intuition. Die Naturwissenschaften sind aber nichts als organisierte Systeme von Erfahrungstatsachen, welche die absichtliche Beobachtung der außermenschlichen Welt zusammentragen kann. Die relative Einfachheit der zu beobachtenden Tatsachen, die verhältnismäßig geringe Zahl der Elemente, die in sie eingehen, die relativ leichtere Isolierbarkeit dieser Elemente haben unter allen Erfahrungswissenschaften die Naturwissenschaften der Physik, Chemie, Zoologie, Botanik, Anatomie, Mineralogie, Geologie, Astronomie zunächst zur Entwicklung und zu einer teilweise hohen Vollendung gebracht. Sehr viel später sind die Erfahrungswissenschaften der Biologie, Physiologie, Psychologie und Soziologie gefolgt, deren meist sehr verwickelte Erscheinungen der Beobachtung erhebliche Schwierigkeiten entgegenstellen.

Naturwissenschaftlichen Unterricht erteilen heißt nun aber, den Schüler auf dem Wege eigner Erfahrung in das System der geordneten Tatsachen und der sie ordnenden Begriffe, „die Ordnungselemente", einführen. Naturwissenschaftlicher Unterricht ist ganz auf Beobachtung angewiesen, oder er ist überhaupt kein naturwissenschaftlicher Unterricht. Daß ein solcher Unterricht die Fähigkeit der Beobachtung entwickeln kann und entwickeln muß wie kein andrer Unterricht außerhalb der Erfahrungswissenschaften, bedarf keiner weitern Erörterungen mehr. Die Steigerung der Beobachtungsfähigkeit ist ein Erziehungswert, der nur den Erfahrungswissenschaften und den aus ihnen entspringenden oder zu ihnen führenden praktischen Tätigkeiten anhaftet.

Aber wir müssen uns dabei bewußt bleiben, daß jede einzelne dieser Erfahrungswissenschaften nur jene Beobachtungsfähigkeit steigert, die auf die in dieser Wissenschaft organisierten Tatsachen gerichtet ist. Nur so weit, als mit allem intensiven Beobachten das im dritten Kapitel geschilderte Denkverfahren unabänderlich verbunden ist und damit alles intensive Beobachten an die Tätigkeiten dieses Denkverfahrens gewöhnt, nur insoweit kann man von einer allgemeinen Steigerung der Beobachtungsfähigkeit des Menschen durch einen methodisch wohl organisierten naturwissenschaftlichen Unterricht reden.

Im allgemeinen aber entwickelt jede der einzelnen Erfahrungswissenschaften ihre speziellen Beobachtungsfähigkeiten; daher kann man auch nicht allgemein sagen, daß der naturwissenschaftliche Unterricht ein Mittel ist, von „Naturblindheit" zu befreien, außer der Schüler wird in alle Naturwissenschaften eingeführt. Der feine Beobachter physikalischer Erscheinungen kann ratlos der Erscheinungswelt der Paläontologie, oder gar der Soziologie gegenüberstehen, selbst wenn ihm deren wichtigste Gesetze bekannt sein sollten. Der Anatom wird auf einer geologischen Exkursion ebenso wenig beobachten wie der Astronom in dem Material einer Planktonfahrt oder in dem mikroskopischen Schnitt einer erkrankten Niere. Es wäre auch sonst zu töricht, wenn unsre Schulen sich mit so vielen Zweigen der Naturwissenschaften belasten würden, falls die Schulung der Beobachtungsbegabung auf dem einen Gebiet ausreichen würde für alle Erfahrungswissenschaften. Eben weil ein vollkommenes Beobachten von Relationen und Modalitäten ohne begriffliches Denken nicht möglich ist, so wenig wie ein Denken sich vollziehen kann, ohne daß Wahrnehmungen und primitives Beobachten die allerersten, wenn auch noch so rohen Begriffsinhalte geliefert haben, eben deshalb bleiben die wertvollen Leistungen der allerdings unentbehrlichen Beobachtungstätigkeit auf das Gebiet beschränkt, auf dem die Beobachtungstätigkeit sich entwickelt hat. Daß unsre höhern Schulen nicht schon längst diese Entdeckung gemacht und anerkannt haben, rührt bloß daher, daß unser naturwissenschaftlicher Unterrichtsbetrieb erst in der neuern Zeit sich in den Bahnen bewegt, die diesen Unterricht einigermaßen zu einem „wissenschaftlichen“ Unterricht, d. h. einem in die wissenschaftliche Denkweise einführenden Unterricht stempeln.

Eins aber kann man sagen: Die ausschließliche Beschäftigung mit Büchern läßt nur allzu leicht die Lust und alsdann auch die Fähigkeit, die objektive Welt der Erscheinungen zu beobachten völlig verkümmern, während umgekehrt die ausschließliche Beschäftigung mit den Erscheinungen der objektiven Welt, wie sie durch einen vernünftigen naturwissenschaftlichen Unterrichtsbetrieb gegeben ist, niemals die Fähigkeit des reflektiven Denkens, worauf ja zunächst die ernste Beschäftigung mit dem Inhalt von Büchern ständig verbunden ist, unentwickelt lassen kann. Denn alles Beobachten schließt ja, wie wir gesehen haben, ein Beurteilen der Wahrnehmungen und Herstellen von Beziehungen zwischen den erzeugten Vorstellungen, also ein, wenn auch oft recht bescheidenes reflektiertes Denken notwendig in sich ein. Dagegen darf man nicht behaupten, daß das „abstrakte Denken“, welches die humanistischen Schulen fördern, der Beobachtungsgabe feindlich ist, auch nicht einmal die Gewohnheiten abstrakten Denkens. Wenn sie nur regelmäßig mit

Gewohnheiten exakter Beobachtung der Dingwelt abwechseln, sind gewisse Gewohnheiten des abstrakten Denkens, vor allem des Zauderns und Reserviertbleibens gegenüber den aufsteigenden Vermutungen und deren überlegte Verfolgung mit Rücksicht auf ihre Konsequenzen auch für die Bobachtung der Welt der Dinge von größten Werte. Darin liegt sicher der Grund, weshalb gute Schüler des humanistischen Gymnasiums, wenn die außerschulischen Verhältnisse ihren Neigungen, mit der Welt der Erscheinungen sich zu beschäftigen, günstig waren und den Trieb zum Beobachten auf gewissen Gebieten nicht verkümmern ließen, mit den besten Schülern der realistischen Anstalten in erfolgreichen Wettbewerb treten konnten, sobald sie sich auf der Hochschule den Erfahrungswissenschaften zuwandten. Ja, ich habe die Überzeugung, daß, wenn unsre höhern realistischen Anstalten nicht durch starke Beschneidung des Unterrichtsstoffes einen naturwissenschaftlichen Unterrichtsbetrieb ermöglichen, der mit der geistigen Schulung des richtig betriebenen humanistischen Gymnasiums konkurrieren kann, sie weniger geeignet sein werden auf die Berufe der Erfahrungswissenschaften vorzubereiten als das humanistische Gymnasium, sobald dieses nur Sorge trägt, daß durch einen bescheiden gehaltenen, aber richtig betriebenen naturwissenschaftlichen Ergänzungsunterricht das Interesse am Beobachten der äußern Welt und die Fähigkeit hierzu nicht erlischt.

Die Übung der Sinnesorgane selbst, die natürlich mit allem sorgfältigen Beobachten verbunden ist, ist eben nicht das Wichtigste an Schulen, deren Zweck ist, für geistige Berufe vorzubereiten. Für gewisse praktische Zwecke und Berufe mag immerhin eine denkbar gesteigerte Ausbildung der Sinne, die auch die feinsten Unterschiede noch wahrzunehmen vermag, von ausschlaggebender Bedeutung sein, und Schulen, die auf solche praktische Berufe vorbereiten, werden sich dementsprechend einrichten müssen. Aber gerade da, wo eine noch so gesteigerte Sinnestätigkeit Unterschiede nicht mehr wahrzunehmen vermag, da hat die Wissenschaft nicht selten noch Mittel und Wege gefunden, die Beobachtung noch weiter fortzusetzen. Der Forscher hat die sinnreichsten Methoden zur Verfügung, um direkt durch quantitative Summation und Multiplikation oder durch qualitative Vergrößerung und Verstärkung, indirekt durch Auslösung andrer Energien noch Reize zur Wahrnehmung zu bringen, die sonst kein Mensch mehr verfolgen könnte. (Vgl. auch die Rede von Otto

Wiener, Die Erweiterung unsrer Sinne, gehalten an der Universität Leipzig.)

Man kann nun alle Beobachtungen in zwei große Gruppen trennen: in solche, in welchen sich der Mensch passiv verhält, und in solche, bei welchen er aktiv eingreift. Das ist nicht so zu verstehen, als ob nicht auch bei der ersten Gruppe von Beobachtungen immer und in jedem Falle auch gewisse Aktivitäten ausgelöst würden. Wenn ich eine Landschaft beobachte, so lasse ich meine Augen über die ganze Landschaft systematisch gleiten; wenn ich die Entwicklung eines Themas in einer Symphonie beobachten will, so richte ich meine Aufmerksamkeit auf den Gang der verschiedensten Instrumente, sobald nur das leiseste Anzeichen mir kundgibt, daß dieses Instrument das Thema aufnimmt; wenn ich die Formen von Desmidiazeen studieren will, so verfolge ich nicht nur mit dem Auge alle Konturen und Oberflächenlinien, alle Ausdehnungen nach Länge, Breite und Tiefe, sondern ich handhabe auch die Mikrometerschraube, um das Okular nach allen Tiefen einzustellen, und greife zum Bleistift, um die Formen zu zeichnen und die Dimensionen zu notieren. Aber der Erscheinung selbst gegenüber verhalte ich mich passiv; sie selbst versuche ich nicht zu ändern. Eine sehr große Zahl von Beobachtungen, die zur Systematik der Zoologie, Botanik, Mineralogie, Geologie führen, die meisten Bestimmungen von Insekten, Pflanzen, Mineralien, die sich makro- oder mikroskopisch durchführen lassen, muß man in diese Kategorie rechnen.

Von dieser Gruppe führen ganz unmerkliche Übergänge zur zweiten Gruppe. Schon wenn ich den Desmidiazeen, die ich beobachten will, unter dem Objektträger durch irgendwelche Reize, die ich auf sie wirken lasse, andre Stellungen zu geben versuche, um meine Formstudien leichter zu vervollkommnen, oder wenn ich beim Erlernen des Tennisspieles zum erstenmal meinem Schläger absichtlich eine bestimmte Stellung gebe, um dem Ball, von dessen Flug ich bis dahin befriedigt war, wenn er nur überhaupt über das Netz zurückgelangte, nunmehr eine bestimmte Richtung zu geben, greife ich in den Verlauf der Erscheinung ein: ich experimentiere. Die Neigung zum Experimentieren, d. h. zum absichtlichen Eingreifen in den Gang des Ereignisses behufs besserer Beobachtung ist dem Menschen angeboren. Das Gehenlernen vollzieht sich vollständig unter dem Einflusse eines unbewußt verlaufenden Experimentierens. Selbst die Fundamentalmethode des

Experimentierens, die Methode der Variation, wie sie Mach nannte, ist dem Menschen gewissermaßen angeboren. Ja, wir beobachten diese Anlage nicht bloß beim Menschen, sondern auch bei den Tieren.

Daß der richtig betriebene naturwissenschaftliche Unterricht diese angeborenen Fähigkeiten jedes Menschen zum Experimentieren entwickelt und sie zu einem bewußten, vom Denken geleiteten Werkzeug macht, die Erfahrung zu erweitern, neue Vorstellungen und Begriffe zu gewinnen, das ist der große, ganz spezifische Erziehungswert dieser Unterrichtsdisziplin. Aber man lernt nicht Experimentieren durch Zuschauen. Wie man Schwimmen nur durch Schwimmen und Reiten nur durch Reiten lernen kann und nicht durch Vorschriften, so lernt man Experimentieren nur durch Experimentieren und nicht durch Anweisungen. Es ist mehr als merkwürdig, daß der naturwissenschaftliche Unterricht seit seiner Einführung zu den Zeiten Semlers in den Plan der höhern Schulen fast 200 Jahre gebraucht hat, um zu dieser Erkenntnis zu gelangen, ja daß es heute noch Lehrer der Naturwissenschaften gibt, welche den Wert der experimentalen Schülerübungen sehr gering anschlagen oder gar leugnen. Die einen halten sie nicht wertvoll genug, weil ihnen der Überblick über das ganze Gebiet der Physik viel wichtiger erscheint, und die Übungen viel zu wenig Zeit übrig lassen, um diesen Überblick mit der entsprechenden Vollkommenheit zu geben. Die andern leugnen sogar ihren Wert, weil sie klägliche Resultate erhielten, als sie die Schüler veranlaßten, physikalische, chemische oder gar biologische Gesetze mit Hilfe einiger Anweisungen oder gar selbständig zu entdecken. Die ersteren kann man nicht belehren, solange ihnen der Überblick über alles geht. Den letzteren aber kann man sagen, daß ein Mißbrauch der Schülerübungen zur Entdeckung von Naturgesetzen über den Wert der Übungen kein gültiges Urteil erlaubt. Sobald sie dem Rate folgen, den wir in Kapitel III gegeben haben, werden sie dieses Urteil revidieren. Das Experiment ist, ganz allgemein gesagt, ein Verfahren, die Abhängigkeit oder Unabhängigkeit der in einer Gesamterscheinung verknüpften Teilerscheinungen oder Elemente zu ermitteln. Die Methode der Variation geht dabei darauf aus, durch Veränderung eines der Elemente unter tunlichster Ausschaltung oder Konstanthaltung der übrigen Elemente die Bedeutung dieses Elements für die Gesamterscheinung zu ermitteln. Das Wesentliche beim Experimente sind also auch nicht die äußeren Vorrichtungen, die Apparate, wie unentbehrlich sie auch in vielen Fällen sein mögen, sondern die Methode der Untersuchung.

„Außer dem physischen Experimente", sagt Mach („Erkenntnis und Irrtum", Seite 183), „gibt es noch ein anderes, welches auf höherer intellektueller Stufe in ausgedehntem Maße geübt wird — das Gedankenexperiment. Der Projektenmacher, der Erbauer von Luftschlössern, der Romanschreiber, der Dichter sozialer oder technischer Utopien experimentiert in Gedanken. Aber auch der solide Kaufmann, der ernste Erfinder oder Forscher tut dasselbe. Alle stellen sich Umstände vor und knüpfen an diese Vorstellung die Erwartung, Vermutung gewisser Folgen; sie machen eine Gedankenerfahrung. Aber während die ersteren in der Phantasie Umstände kombinieren, die in Wirklichkeit nicht zusammentreffen, oder diese Umstände sich von Folgen begleitet denken, welche nicht an dieselben gebunden sind, werden die letzteren, deren Vorstellungen gute Abbilder der Tatsachen sind, in ihrem Denken der Wirklichkeit sehr nahe bleiben." Alle, die sich mit Experimentieren einigermaßen beschäftigt haben, wissen sogar, daß jedem physikalischen Experiment ein entsprechendes Gedankenexperiment vorausgehen muß, das den Gang des physikalischen Experiments nachher leitet. Die Beispiele, die ich in Kapitel III gegeben habe, zeigen das gleiche mit aller Deutlichkeit. Das planlose Experimentieren mit Apparaten sollte man nicht Experimentieren, sondern Spielen nennen. Ich kann auf die Bedeutung des Gedankenexperiments hier nicht weiter eingehen, sondern muß in dieser Frage auf Mach verweisen. Nur das eine will ich noch betonen, daß es Gedankenexperimente gibt, die mit solcher Evidenz verlaufen, daß sie dem Experimentator eine Nachprüfung durch Apparate oder Versuche irgendwelcher Art unnötig erscheinen lassen. Gewiß kann jeder physikalisch geschulte Schüler sich denken, welche die physikalischen Erscheinungen, die ich in Kapitel III durch physikalische Experimente verfolgen ließ, durch bloßes Nachdenken völlig erklären können. Wie dem aber auch sein mag; für alle Fälle ist im naturwissenschaftlichen Unterricht das Gedankenexperiment nicht weniger zu pflegen als das physikalische Experiment. Ja, ich habe die Überzeugung, daß diese Schulung im provisorischen Durchdenken der erst auszuführenden Prozesse und ihrer möglichen Ergebnisse ein Grundmerkmal vieler gut geleiteten Schülerübungen ist. Die ganze Versuchsanordnung muß so weit als möglich aus dem Kopfe des Schülers selbst erwachsen, sie muß eine Folge des Gedankenexperiments sein. Schülerübungen, die im wesentlichen sich auf Vorschriften stützen, die nach mehr oder weniger eingehenden Anweisungen sich abrollen, können kein Werkzeug geistiger Zucht bilden. Als Vorübungen zur möglichst sorgfältigen und geschickten Handhabung der Apparate, zur Ausbildung der sogenannten Technik, so weit sie auf dem zweckmäßigen Gebrauch der Hände und der Sinne beruht, zur Gewöhnung an Peinlichkeit und Gewissenhaftigkeit in der Ausführung von Operationen, zur Entwicklung eines möglichst feinen Gefühles für Sinneswahrnehmungen aller Art sind derartige, auf genaue Anweisungen gestellte Schülerversuche gewiß nützlich und für den ersten Anfang sogar notwendig. In der Volksschule, wo der naturwissenschaftliche Unterricht schon mangels der geistigen Reife der Schüler sich nur höchst bescheidene Unterrichts- und Erziehungsziele stekken kann, wo er sich mit den nächsten Erziehungswerten, der Erziehung zur Genauigkeit, Gründlichkeit, Gewissenhaftigkeit, zum Bewußtwerden der

Gesetzmäßigkeit aller Naturerscheinungen begnügen muß, da werden die Schülerübungen ohne sorgfältige Anweisungen für die Ausführung, die allerdings nicht von vornherein dogmatisch in Befehlsform gegeben zu werden brauchen, sondern mit Hilfe von Überlegungen als notwendig entwickelt werden können und sollen, nicht möglich sein. Das mag auch für die untern Klassen der höhern Schulen zutreffen. Sobald aber eine gewisse Technik in der Handhabung der Materialien und Apparate, im Gebrauch der Sinneswerkzeuge selbst usw. erreicht ist, hat die Rezeptform der Schülerübungen ihre Aufgabe erfüllt. Nicht bloß die Einführung in den Geist des Forschens, in das Wesen der naturwissenschaftlichen Untersuchung, sondern auch die Ausnützung des naturwissenschaftlichen Unterrichtes für die Förderung der geistigen Zucht, des logischen Denkens verlangen dann jenen Typus von Schülerübungen, den ich in meinen ersten Beispielen gekennzeichnet habe.

Das Wichtigste beim Experimentieren ist die dem Schüler selbst als notwendig oder zweckmäßig sich aufdrängende Variation des zu untersuchenden Elements einer komplexen Erscheinung und die damit verbundene Beobachtung im

Wandel oder in der Konstanz der gesamten Erscheinung. Gerade das Ausdenken der Variation und das Beobachten der Wirkung der selbstgewollten systematischen Änderung eines Elements hat nicht bloß den größten Reiz, sondern auch die größte erziehliche Wirkung.

In der Mathematik ist diese Methode der Variation eines Elements eine ganz geläufige Erscheinung. Mein verehrter Lehrer Felix Klein hat unter der Bezeichnung „Gewöhnung zum funktionellen Denken" sicher nichts anderes gemeint als die Gewöhnung an die Methode der Variation eines Elements beim Untersuchen einer komplexen Erscheinung. Seine Forderung, daß der mathematische Unterricht zum funktionellen Denken erziehen soll, gilt ebenso für den physikalischen Unterricht. Die dogmatische Form, in welcher heute noch die alte euklidische Geometrie an unsern höhern Schulen gelehrt wird, ist ein wesentliches Hindernis für die Durchführung dieses Erziehungszweckes. Die Trigonometrie, die synthetische Geometrie, die analytische Geometrie sind heute schon sehr viel mehr der Erziehung zum funktionellen Denken dienstbar gemacht, wie die neuern Lehrbücher der Algebra deutlich den Weg zu gehen sich hemühen, den ihnen Klein gezeigt hat. Aber auch die euklidische Geometrie muß ihn gehen und sie kann ihn mit größtem Erfolg gehen; ich brauche nur an die Fruchtbarkeit der Methode der Variation bei den Berührungsproblemen, insbesondere auch beim Apollonischen Problem zu erinnern.

Nach dieser Betrachtung über das innere Wesen des Schülerexperiments erübrigen nur noch einige Bemerkungen über die notwendigen äußeren Veranstaltungen behufs größter Ausnützung des naturwissenschaftlichen Unterrichtes für den Erziehungszweck. Hier scheinen mir die fünf Anweisungen, die Dannemann in einer der englischen Great Public Schools 1906 gefunden hat, und die er in seinem Buche „Der naturwissenschaftliche Unterricht auf praktisch-heuristischer Grundlage" (Hannover, Hahnsche Buchhandlung 1907) zitiert, eine zweckmäßige Grundlage der Diskussion zu geben, die ich um so lieber an sie binde, als Dannemann sie ohne Kritik lediglich unter der Bemerkung wiedergibt, „daß sie mehr besagen als lange Ausführungen".

„1. Lehre nie zuerst in Worten, sondern begründe das Wissen auf die eigenen Versuche der Schüler.

2. Ziehe keine scharfen Grenzen zwischen Demonstrationsunterricht und praktischen Übungen.

3. Gib einem Schüler gerade so viel Anleitung, als zur Ausführung jedes Versuches erforderlich ist.

4. Teile dem Schüler das Ergebnis seines Versuches nicht zuvor mit.

5. Jeder Schüler hat in seinem Heft über das Ergebnis seiner Übungen in eigenen Worten zu berichten.“

Was die erste Forderung betrifft, so kann sie keinen andern Sinn haben als die Forderung, auf heuristischem Wege zunächst den Schüler an den Punkt zu führen, wo in ihm selbst die Fragen auftauchen, deren Beantwortung ihm zunächst Schwierigkeiten verursacht. Ob dann die Beantwortung dieser von ihm selbst gefühlten Schwierigkeiten ihm allein überlassen werden kann oder ob sie der Lehrer geben muß, das läßt sich nicht allgemein sagen. Es gibt im ersten physikalischen Unterricht und bei der so ganz verschiedenartigen Anlage der Schüler Fälle genug, in denen der Lehrer selbst durch entsprechende Demonstration die Antwort geben muß. Nur so besteht auch kein Widerspruch zwischen der ersten und zweiten Forderung.

Was diese zweite Forderung betrifft, so kann sie nicht auch für die obersten Stufen gelten. Soll der naturwissenschaftliche Unterricht seine Erziehungswerte entfalten, dann muß eine Zeit kommen, wo die praktischen Schülerübungen ganz für sich laufen, die Zeit nämlich, wo der Schüler reif genug ist, eine zusammenhängende Arbeit durchzuführen. Im Anfangsunterricht wird die Anleitung wenig zu entbehren sein. Mutet man ausnahmsweise einmal dem Schüler zu, ein einfaches Gesetz zu finden, etwa das Hebelgesetz oder das Gesetz der Ausdehnung bestimmter Metalle durch Wärme oder das Gesetz des freien Falles an der Atwood'schen Fallmaschine, so sind Anweisungen unerläßlich. Empfehlenswerter aber ist es dann, diese Anweisungen einfach durch Vordemonstrieren zu geben. Es gibt daher Lehrer, welche auch ihren Demonstrationsunterricht im Schülerlaboratorium durchführen, um gegebenenfalls sofort hinter den Demonstrationen eine Übung einzusetzen oder ihnen eine vorbereitende Übung vorauszuschicken. Hier ist nur die eine Gefahr nicht aus dem Auge zu verlieren, daß die Schüler ganz verschiedene Zeit nötig haben, um gewisse Beobachtungen selbständig durchzuführen, und daß, um möglichst gleichen Schritt der Schüler zu erzielen, allzu viel

Anweisungen und Befehle notwendig werden, die wieder den Zweck der Schülerübung vereiteln. Die gleiche Gefahr liegt in den Übungen „in gleicher Front", die, um mich eines Dannemannschen Ausdruckes zu bedienen, allzu leicht zum „physikalischen Griffklopfen" führen. Im Anfangsunterricht ziehe ich die Übungen in gleicher Front durchaus vor, genau wie der Zeichenunterricht in den untern Klassen der höhern Schulen durchaus zunächst sogenannter Massenunterricht am gleichen Objekt sein kann und mit Vorteil auch wirklich ist. Ich will auf die Vorteile der Frontübungen nicht näher eingehen. Aber spätestens schon nach zwei Jahren sollen sie als Regel verschwinden (wo sie nicht, wie z. B. bei der fallenden berußten Platte dem Stoff entsprechend von selbst zwangläufig werden) und die Übungen nach den Begabungen der einzelnen Schüler eingerichtet werden. Eins aber kann immer bleiben: die Verbindung von zwei oder mehr Schülern zur Durchführung einer Untersuchung an den gleichen oder an verschiedenen Apparaten, eine Verbindung, die ich vor vielen Jahren an andrer Stelle empfohlen habe, um die bisweilen außerordentlichen Erziehungswerte solcher Arbeitsgemeinschaften nicht bloß für die intellektuelle, sondern auch für die moralische Erziehung ausnützen zu können.

Zur dritten Forderung habe ich zu bemerken, daß „Anleitung geben" nicht heißt „Anweisung geben". Gerade wie der Lehrer „anleitet", das unterscheidet den guten vom schlechten Lehrer. Wer die Anleitung im Sinne des Beispiels aus dem Hahnschen Buche erteilt, ist, selbst wenn er viel weniger ins Detail ginge, sicher kein guter Lehrer. Wer es versteht, anzuleiten, den Schüler im Sinne des von mir geschilderten chemischen Beispiels eine Aufgabe durchzudenken und durchzuexperimentieren, ist sicher ein guter Lehrer. Alles Anleitung-Geben ist eine Sache des pädagogischen Taktes, der Feinfühligkeit des Lehrers, der Liebe zur wahren Führung des Schülers im Sinne des Forschens. Wieviel zu geben ist, wie sie zu geben ist, wann sie zu geben ist, dafür gibt es keine Anweisungen. Der schwache Schüler braucht mehr, der gute weniger, und zwar für genau denselben Versuch. Eine der besten Anleitungen wird oft das vorauszuschickende, oder richtiger im voraus heuristisch zu entwickelnde Gedankenexperiment sein.

Auch die vierte Anweisung: „Teile dem Schüler das Ergebnis seines Versuches nicht zuvor mit" ist sehr cum grano salis zu nehmen. Ein Experiment ist ja eine absichtlich angestellte Beobachtung. Ich kann aber nicht bloß die Absicht haben, überhaupt schlechtweg zu beobachten; ich muß einen Zweck mit meiner Beobachtung verbinden. Ich muß also zum mindesten eine Vermutung dessen haben, was die Beobachtung voraussichtlich ergeben kann. Das kann vielerlei und wenigerlei sein. Aber ich muß nach den verschiedenen Richtungen hin, in denen meine Vermutungen gehen, experimentieren. Etwas andres ist es, wenn es sich um reine Messungen handelt. Natürlich darf ich dem Schüler nicht vorher sagen, daß das spezifische Gewicht von Blei gleich 11,4 ist, wenn ich ihn das spezifische Gewicht erst bestimmen lassen will. Ich werde ihm auch nicht das sagen, daß das konstante Brechungsverhältnis n für einen weißen Lichtstrahl von Luft in Wasser den Wert $^4/_3$ hat, wenn ich ihm diesen Wert ermitteln lasse. Aber ich werde ihm jedenfalls das allgemeine Ergebnis vorher entwickeln, daß das Brechungsgesetz der mathematischen Formel genügt $\sin \alpha : \sin \beta = n$, wenn α der Einfalls- und β der Brechungswinkel ist.

Auch für solche Bestfmmungsübungen können noch vereinzelte Anweisungen nötig sein. Ich habe mich immer gefreut, in den englischen und amerikanischen Schulen die Schüler mit besonders eingerichteten Heften ausgerüstet zu finden, die sie zwingen, ihre Beobachtungen durch Wort und Bild festzuhalten und zu beschreiben. Wenn die Hefte dieser Art für den Anfangsunterricht gewisse Dispositionen aufweisen, welche den Aufzeichnungen zum Anhaltspunkt dienen, so wird wohl im allgemeinen nichts dagegen zu erinnern sein. Je eher aber auch diese Art der Anweisung verschwindet, desto besser wird sicher der Erziehungswert solcher Berichte, die zugleich auch ein Gegenstand allgemeiner Besprechung vor der Klasse bilden müssen, sich einstellen. Aufzeichnungen von Beobachtungen, die wir machen, zwingen uns, unserm eignen Denkverfahren sorgfältig nachzugehen und lassen uns damit die Mängel des Verfahrens deutlicher erkennen. Sie sind auch noch aus einem andern Grund wichtig. Alle gewissenhaften Aufzeichnungen von Beobachtungen lassen uns Einblick tun in die geistige Werkstatt dessen, der die Aufzeichnungen gemacht hat. Bei Aufgaben, wie ich sie so zahlreich als möglich für nötig halte und wie ich sie im dritten Kapitel geschildert habe, sind sie geradezu das Mittel, welches dem Lehrer nicht bloß die Resultate der Untersuchung und die äußere Anordnung des Versuches, sondern vor allem das ganze Denkverfahren, seine Naivität wie seine Planmäßigkeit, die Quellen seiner Fehler wie seiner Vorzüge aufdeckt. Wo natürlich durch eingehende Anweisungen dieses Denkverfahren in allen seinen Schritten festgebunden ist, da besagen die Aufzeichnungen gar nichts als das eine, ob die Ergebnisse falsch oder richtig waren, und das heißt in diesem Falle, ob der Schüler die mechanischen Tätigkeiten und einfachen numerischen Rechnungen, die ihm vorgeschrieben waren, sorgfältig oder nachlässig ausgeführt hat. Hier genügen die allerprimitivsten Notizen über gebrauchte Apparate und Materialien, über die gefundenen, beobachteten und errechneten Ergebnisse und allenfalls noch über die Zeit, die der einzelne zur Durchführung der Aufgabe nötig hatte.

In einer Schulorganisation, wie ich sie mir seit langer Zeit denke, in der dem naturwissenschaftlichen Unterricht zwecks Auswertung seiner Erziehungskraft sehr viel mehr und damit dem übrigen Unterricht sehr viel weniger Zeit eingeräumt ist, können derartige Aufzeichnungen über den ganzen nicht vorgeschriebenen, sondern vom

Schüler selbst erdachten Arbeitsprozeß mitsamt seinen Wirkungen für den Fortgang der Arbeit und mitsamt der Schilderung der Arbeitsanordnung und ihres Ergebnisses direkt an die Stelle der sogenannten Aufsatzübungen treten.

Diese Art der Übung im schriftlichen Ausdruck wird auch dem Schüler vermutlich sehr viel mehr Vergnügen bereiten als die Mehrzahl der heute üblichen. Jedes dem Schüler zugemutete Gedankenexperiment fordert geradezu heraus zu einer schriftlichen Darstellung. In der Mathematik haben wir auch diese schriftliche Darstellung des Gedankenexperimentes in der Form der sogenannten Analysis längst gefordert.

Mach erzählt in seinem wiederholt zitierten Buche (S. 220), daß ihm der Verkehr mit den Klassikern der Periode des Wiederauflebens der Naturforschung gerade durch ihre eingehenden Aufzeichnungen zu einem unvergleichlichen Genusse geworden sei. Ja nicht bloß Genuß, sondern eine ausgiebige, nachhaltige, unersetzliche Belehrung habe ihm dieser Verkehr geboten, „weil diese großen naiven Menschen ohne jede zunftmäßige gelehrte Geheimtuerei in ihrer liebenswürdigen Freude des Suchens und Findens alles mitteilen, was und wie es ihnen klar geworden ist". Unsre Schüler sind und werden im allgemeinen keine Forscher, auch wenn wir sie im Geiste des Forschens erziehen. Aber Freude am geistigen Suchen und Finden hat ein recht großer Prozentsatz von ihnen, sobald unser Unterricht entsprechend gestaltet und der Lehrer selbst nicht bloß ein verständiger, lebensvoller Kamerad der Schüler, sondern auch ein von Forscherfreude und Forschergeist durchdrungener Führer ist. Aus dieser intellektuellen Freude wächst auch die Lust und die Geschicklichkeit der Mitteilung, sowie die Empfänglichkeit für die Mitteilungen andrer, auch für die alten Mitteilungen eines Kopernikus, Galilei, Kepler und ähnlicher, deren Lektüre einem naturwissenschaftlichen Gymnasium, wie ich es mir denke, so notwendig ist wie dem humanistischen Gymnasium das Studium von Plato und Tacitus.

V. NATURWISSENSCHAFTEN UND MORALISCHE ERZIEHUNGSWERTE

Wie bedeutsam nun aber auch die formale Bildung ist, wie unerläßlich, unentbehrlich sie für jeden geistigen Arbeiter wird, so ist sie eben doch nur formale Bildung, d. h. die Ausbildung der Form, in der sich eine der wichtigsten Fähigkeiten des menschlichen Geistes, das logische Denken vollzieht. Aber das logische Denken allein, obgleich es das spezifische Merkmal des Menschen im Gegensatz zum Tier ist, macht doch noch keinen Menschen. Es gibt viele Menschen, die recht gut logisch denken können, die große Gedankenreihen tadellos entwickeln können und die doch recht wenig wahrhaftig Menschliches an sich haben. Wenn man schon von Erziehung durch den Unterricht spricht, so ist doch die Frage durchaus berechtigt, ob den verschiedenen Unterrichtsdisziplinen nicht auch noch andre Erziehungswerte anhaften, und es ist ja bekannt, welch hohe Bedeutung die Altphilologen gerade deshalb auf die Beschäftigung mit der Sprache der Griechen und Römer legen, weil diese Beschäftigung zugleich moralische, ästhetische und gewisse intellektuelle der Beschäftigung mit der Geschichte der menschlichen Kultur entspringende Güter übermittelt. Aber dabei handelt es sich eigentlich nur um Erkenntniswerte, und da allen Wissenschaften natürlich andre Erkenntniswerte anhaften, so dreht sich bei den Lehrern ein nicht unwesentlicher Teil des Streites über den Vorrang einer Disziplin darum, welche Erkenntniswerte die wichtigsten für die Erziehung sind. Darauf habe ich bereits hingewiesen.

Dem naturwissenschaftlichen Unterricht kommen indes ganz bestimmte Erziehungswerte zu, welche in gleicher Weise zum Teil nur noch die Mathematik und sonst kein Unterricht zu entwickeln imstande ist. Er entwickelt außer dem Befürfnis für strenge eindeutige Begriffsformulierungen und außer den niemals angeborenen, sondern stets zu erwerbenden Gewohnheiten des logischen Denkens noch andre Gewohnheiten, deren Besitz mit zum Wertvollsten des Menschen und besonders des geistigen Arbeiters gerechnet werden muß. Zum mindesten kann man sagen, daß der naturwissenschaftliche Unterricht in erster Linie dazu berufen wäre, diese Gewohnheiten zu entwickeln.

Es ist eine der bemerkenswertesten Eigenschaften des naturwissenschaftlichen Unterrichts, daß er den Schüler einer Welt von Erscheinungen unmittelbar gegenüberstellt. Literaturunterricht, Geschichtsunterricht und zum großen Teil auch der Geographieunterricht vermögen das für den weitaus überwiegenden Teil ihres Stoffgebietes nur mittelbar durch mündliche oder schriftliche Überlieferung. Das wäre noch nicht von großer Bedeutung, ja es wäre wegen der unübersehbaren Fülle der Naturerscheinungen und ihrer verwirrenden Mannigfaltigkeit eine für die geistige Erziehung recht verhängnisvolle Eigenschaft dieses Unterrichts, wären diese Erscheinungen nicht durch gewisse, relativ einfache, immer wiederkehrende Gesetzmäßigkeiten ausgezeichnet, und wäre nicht die Naturwissenschaft selbst gerade jene Wissenschaft, welche alles Naturgeschehen auf letzte Oberbegriffe zurückzuführen trachtet. In der Mannigfaltigkeit diese Einheit erfassen zu lernen, das ist die vornehmste und zugleich die dankbarste Aufgabe des naturwissenschaftlichen Unterrichts. Nicht die ungeheure Menge der Erscheinungen kennen zu lehren, wie das eine vergangene Zeit von diesem Unterricht verlangte, sondern in das wahre Wesen dieser Mannigfaltigkeit einzudringen, den unabänderlichen Gang alles Geschehens begreifen zu lehren, soweit es dem beschränkten Intellekte des Menschen möglich ist, das ist das Ziel des naturwissenschaftlichen Unterrichts, das muß es sein.

Indem wir aber den Schüler lehren, hinter der Vielheit die Einheit zu suchen, hinter dem Wechsel das bleibende Sein, indem wir ihm helfen, in allen Erscheinungsformen den wahren Kern, den Sinn und Inhalt zu suchen, gewöhnen wir ihn immer mehr nach dem Wesen der Dinge zu fragen, erfüllen wir ihn immer mehr mit dem Geiste der Gesetzmäßigkeit alles Weltgeschehens, durchtränken ihn mit dem Bewußtsein der Unveränderlichkeit dessen, was der Mensch als Naturgesetze erkannt hat. Diese Überzeugung wächst nicht oder bei weitem nicht in gleicher Weise aus der Beschäftigung mit fremden Sprachen oder mit Geschichte. Helmholtz hat einmal, ich weiß nicht bei welcher Gelegenheit, eine Bemerkung gemacht, deren Wortlaut ich in einem Zitat bei Bastian Schmid (Der naturwissenschaftliche Unterricht, B. G. Teubner, Leipzig 1907, S. 33) wiederfand: „Was mir in eigener Erfahrung bei den Schülern, die aus unsern grammatischen Schulen zu naturwissenschaftlichen und medizinischen Studien übergehen, aufzufallen pflegt, ist, neben ihrer zu großen Geneigtheit, sich auf Autoritäten zu stützen, eine gewisse Laxheit in der Anwendung streng allgemein gültiger Gesetze. Die grammatikalischen Regeln, an denen sie sich geübt haben, sind in der Tat meistens mit langen Verzeichnissen von Ausnahmen versehen; sie sind deshalb nicht gewöhnt, auf die Sicherheit einer legitimen Konsequenz eines streng allgemeinen Gesetzes unbedingt zu trauen."

In der Erziehung zum Geiste der Gesetzmäßigkeit alles Weltgeschehens, wie sie einem richtig geleiteten naturwissenschaftlichen Unterricht anhaftet, haben wir es mit einem der allgemeinsten Erkenntniswerte zu tun, den irgendein Unterricht zu erzeugen vermag, mit einem Erkenntniswert, der nicht bloß für alle spätere Berufsarbeit, sondern auch für die Entwicklung der Lebensanschauung sowie insbesondere für die spätere Gestaltung der Lebensführung von wesentlicher Bedeutung sein kann. Daß so viele gebildete Menschen beispielsweise in ihrer hygienischen Lebensführung in so törichter Weise gegen die eisernen Gesetze der Natur sich versündigen, ohne von dem Gedanken berührt zu werden, daß die beleidigten Naturgesetze sich einst erbarmungslos an ihnen rächen werden, das darf man teilweise auch dem

Umstande zuschreiben, daß der Unterricht, dem sie ihre Bildung verdanken, sie nicht mit dem Geiste der Gesetzmäßigkeit alles Naturgeschehens erfüllt hat. Wenn es einst der Menschheit gelungen sein wird, die höchst komplexen Erscheinungen des Gesellschaftslebens auf einfache Entwicklungsgesetze zurückzuführen, dann werden die Menschen hoffen können, daß eine Erziehung des Nachwuchses im Geiste dieser Gesetze die Gesellschaft vor einer Anzahl sozialer Krankheiten besser bewahren wird, als dies den heute vielfach so schlecht fundierten Partei- und Kastendogmen möglich ist. Freilich ein Allheilmittel gegen individuelle wie soziale Krankheiten bildet das Erfülltsein vom Geiste der Gesetzmäßigkeit nicht. Denn das Handeln des Individuums wie der Gesellschaft wird nicht bloß durch die Einsicht in die Welt der natürlichen Gesetze, sondern auch durch die Erlebnisse anderer geistiger Werte bestimmt. Darauf werden wir noch im nächsten Kapitel des näheren eingehen.

Indem nun aber der naturwissenschaftliche Unterricht das hohe Ziel ins Auge faßt, von dem wir soeben gesprochen haben, ist er zunächst gezwungen, die Begriffe, mit denen er arbeiten muß, um das Ziel zu erreichen, mit größter Schärfe zu entwickeln. Alles Gesetzmäßige ist eindeutig. Aber nur aus eindeutigen Elementarbegriffen können sich eindeutige höhere Begriffe entwickeln. Der Unterricht in den fremden Sprachen ist im wesentlichen nur für einen kleinen Bruchteil seiner Begriffe, nämlich für die grammatikalischen, genötigt, diese Genauigkeit einzuhalten; im übrigen hat er es beim Übersetzen der Klassiker mit der gesamten Vorstellungs- und Begriffswelt einer bestimmten Kultur zu tun, die genau durchzuarbeiten er völlig außerstande ist. Das ist sein großer Vorteil, aber auch sein Nachteil. Es ist sein Vorteil, weil er den Schüler nötigt, über den ganzen Reichtum an Gütern einer bestimmten Volkskultur mehr oder weniger nachzudenken. Es ist aber auch sein Nachteil. Denn er gewöhnt den Menschen, solange die Übersetzung ihn nicht gerade dazu zwingt, einen Sachbegriff logisch zu untersuchen, (wie in dem Falle, wo in der eigenen oder in der fremden Sprache kein einigermaßen adäquater Begriff vorhanden ist), nur allzu leicht das in der Lektüre niedergelegte Begriffsmaterial als etwas vollständig Bekanntes und, je nach dem Autor, auch als absolut Richtiges hinzunehmen.

Je bestimmter nun aber das Begriffsmaterial ist, mit dem das Denkvermögen operiert, desto sicherer ist zu erwarten, daß die logischen Operationen, falls sie nur stets mit aller Sorgfalt erledigt werden, zu einem sicheren eindeutigen Ergebnis führen. Jeder Schüler, der einen geometrischen Beweis entwickelt, weiß mit völliger Sicherheit, daß, wenn ihm ein Beweis mißlingt, die Ursache des Mißlingens nicht an den geometrischen Begriffen liegen kann, die in seinen Prämissen enthalten sind, sondern in seiner eigenen Ungeschicklichkeit oder Nachlässigkeit, die ihn den Inhalt dieser Begriffe nicht erkennen oder nicht ausnützen läßt. Dies gilt auch für die meisten physikalischen und chemischen Aufgaben der Schule.

Aus dem Bewußtsein der Erreichbarkeit eines sichern, völlig einwandfreien Ergebnisses wächst aber das höchst wertvolle Gefühl der Verantwortlichkeit für die Genauigkeit der Feststellung. Wenn ich weiß, daß ein und nur ein Ergebnis richtig sein kann, dann bin ich selbst verantwortlich, daß dieses Ergebnis eintritt. Wenn ich dagegen weiß, daß mancherlei Abweichungen oder Auffassungen möglich sind, dann kann ich mich zwar auch verpflichtet fühlen, mein Bestes zu tun, aber ich kann auch, wenn meine Ergebnisse angestritten werden oder nicht einwandfrei sind, doch ein gutes Stück auf die Tücke des Objektes schieben und damit einen Teil meiner Verantwortlichkeit abwälzen. Daß der Schüler, der doch erst zum Verantwortlichkeitsgefühl erzogen werden muß, dazu nur allzu gern bereit ist, wissen die Lehrer nur allzu gut.

Dieses Verantwortlichkeitsgefühl drängt vor allem dazu, in keiner auch noch so sorgfältigen Schlußreihe den letzten, scheinbar so überflüssigen Schritt, den Schritt der Verifikation zu unterlassen. Die Möglichkeit, die Verifikation durch das Experiment überzeugend vollziehen zu können, reizt noch weiterhin, namentlich in den exakten Naturwissenschaften dazu, die Verifikation nie zu unterlassen. So wird das Bedürfnis nach weiterer Bestätigung des eigenen Urteils zur Gewohnheit. Eine Menge von älteren Forschungsergebnissen aus der Geschichte der Naturwissenschaften überzeugen weiterhin den Schüler von der Notwendigkeit der Verifikation. In der bereits erwähnten Rede von 1854 gibt Huxley hierfür ein geradezu schlagendes Beispiel. Aus einfachen Beobachtungen und den entsprechenden Versuchen war bis zum Anfang des 19. Jahrhunderts festgestellt, daß bei den Menschen das Blut in einer einzigen Richtung zirkuliert. Die Untersuchung der Säugetiere, der

Vögel, der Fische, der Lurche, der Reptilien ergab die gleiche Einsinnigkeit des Blutkreislaufes. In jedem Tier, daß bis zum Jahre 1824 auf diese Eigenschaft hin untersucht war, fand man die nämliche Erscheinung. Das Gesetz des eindeutigen Blutkreislaufes in allen Tieren ohne Ausnahme stand unbedingt fest. Da untersuchte zufälligerweise M. von Hasselt eine Aszidie, ein Tier aus der Ordnung der Manteltiere (Tunikaten). Zu seiner größten Überraschung fand er hier, daß die Herzschläge eine Zeitlang das Blut in der einen Richtung und dann nach einer kurzen Pause in der andern Richtung trieben. Kein Tier von all den Tausenden, die seither untersucht wurden, zeigte diese Anomalie wieder. Huxley, der davon hörte und dann den Fall untersuchte, ruft in seinem Buch aus: „Ich kenne kein Schauspiel im Königreich der Tiere, das wundervoller wäre, wie es auch bis zum heutigen Tag einzig in seiner Art ist. Gleichzeitig aber weiß ich kein schlagenderes Beispiel für die Notwendigkeit der Verifikation selbst jener Deduktionen, welche auf die weitesten und sichersten Induktionen gegründet sind."

Je größer nun aber die Schwierigkeiten sind, die der Schüler selbst bei der Untersuchung exakt lösbarer Probleme kraft des in ihm erwachten

Verantwortlichkeitsgefühles empfunden hat, desto größer wird notwendigerweise die Ehrfurcht vor allem streng wissenschaftlichen Denken und die Ehrfurcht vor der entsagungsvollen Arbeit der großen Geister wie Galilei, Kepler, Newton, Faraday usw. Ihr Leben, mit dem den Zögling vertraut zu machen kein naturwissenschaftlicher Unterricht ohne Nachteil unterlassen darf, steht dann im Geist der Schüler auf als Ideal, dem nachzustreben es wenig mehr Veranlassung braucht als das Eindringen in das Leben und die Arbeit dieser Männer selbst. Diese Ehrfurcht vor dem wissenschaftlichen Denken und damit vor der Wahrheit selbst kann in entsprechend veranlagten Menschen so weit gehen, wie sie bei Kepler ging, der nach einem von Walter Dyck im Britischen Museum aufgefundenen Brief an Edmund Bruce erklärte, er trage dem Galilei gar nichts nach, wenn er die Untersuchungen Keplers als seine eigenen vortrage. Es komme nur darauf an, die Wahrheit zu erkennen zum Ruhme Gottes, die bestehen bleibe, wenn auch der Name der einzelnen längst verschwunden sei.

Aber noch eine dritte Gewohnheit des Intellektes vermag aus gründlicher Beschäftigung mit naturwissenschaftlichen Fragen zu entspringen und nur aus dieser. In keiner Wissenschaft sind die jeweils unlösbaren Probleme so klar erkannt als in Mathematik und Naturwissenschaft. Es ist bekannt, daß es in der Mathematik strenge Beweise gibt für die Unlösbarkeit gewisser Probleme, und alle Forscher kennen wohl das Wort Du Bois Reymonds: Ignoramus et ignorabimus. Diese wundervolle Selbstverleugnung ist vielen andern Wissenschaften fremd. Ich will nicht exemplifizieren. Aber ich kenne einige Wissenschaften, die auch an der Universität heimisch sind, denen innerhalb ihres Gebietes nicht nur keine Frage unlösbar erscheint, sondern die für alle Fragen, wenn auch unter diesem oder jenem Vorbehalt, diese oder jene Lösung anbieten. Ich sage nicht, daß unsre Schüler der neunklassigen Schulen imstande wären, durch eigene Arbeit zu jener Erkenntnis zu gelangen. Aber je mehr sie durchdrungen sind von der Schärfe ihrer Methoden, desto mehr werden sie die Wahrheitsliebe jener Männer zu bewundern imstande sein, deren eigene Arbeiten zu jenem Geständnis des Ignoramus geführt haben. Diese Bewunderung aber ist das Tor, das in den Garten jener Formen der Wahrheitsliebe führt, die im Bekennen der eigenen Unwissenheit besteht.

Ich weiß kein Mittel, das mehr zu dieser Bescheidenheit erziehen kann als täglich und stündlich zu erleben, mit wieviel Schwierigkeiten es verbunden ist, durch den Hauptweg für die Auffindung neuer Wahrheiten, durch den Weg der mühsamen und sorgfältigen, durch Tausende von Experimenten geleitete Beobachtungen zu neuen wirklichen oder scheinbaren Vermutungen und Entdeckungen und durch die deduktive Untersuchung dieser Vermutungen und Entdeckungen zu wahrer Erkenntnis zu gelangen. Ich kenne keinen wahrhaft großen Naturforscher, der nicht bescheiden gewesen wäre, und so sehr bin ich davon überzeugt, daß das ernste Forschen auf naturwissenschaftlichen Gebieten, wo wie nirgends dem einzelnen so sicher stets die Grenzen seiner eigenen Fähigkeiten zum Bewußtsein gebracht werden, den Menschen demütig macht, daß ich es sogar wage, dieses synthetische Urteil in gewissen besonders aufdringlichen Fällen umzukehren. Wer Boltzmann, Pettenkofer, Röntgen, Mach oder einige noch heute lebende große Forscher Max Planck, Arnold Sommerfeld, Albert Einstein, denen näherzutreten mir vergönnt war, kennen gelernt hat, wird geneigt sein, mir zuzustimmen und zwar um so mehr, je mannigfaltiger er Gelegenheit hatte, auch mit Vertretern andrer weniger exakter Wissenschaften in Berührung zu kommen, deren Selbstbewußtsein nicht selten umgekehrt proportional zur Strenge ihrer sogenannten Wissenschaft ist.

Sobald der Schüler aber erst einmal auf diesem Pfad sich befindet, wird er auch frei werden von der allzeit sprungbereiten Nörgelsucht der Menschen, die ihren Ursprung zumeist nur in der Überschätzung ihres eigenen Wissens und Könnens hat. Er wird auf diesem Wege eher als auf einem andern angeleitet werden können, die Anschauungen andrer zu würdigen, vor allem da, wo wie in religiösen, ethischen, politischen, staatsbürgerlichen Fragen keine durchgefeilten Methoden das Aufsuchen der Wahrheit erleichtern.

Gewiß ist dieser Weg zur sogenannten Objektivität kein unbedingt sicherer. Ich sage nur, er scheint mir besser zu sein als andre Wege, wenn schon das Verhalten von manchen naturwissenschaftlich gebildeten Menschen unsrer Tage dagegen zu sprechen scheint. Wie ich schon gelegentlich der Betrachtung über die Förderung der sogenannten Beobachtungsbegabung durch die Naturwissenschaften zur Vorsicht vor Überhebung gemahnt habe, so geziemt es uns auch hier in gleicher Weise, Bescheidenheit zu empfehlen, wenn wir vom Werte des naturwissenschaftlichen Unterrichtes als von einem Mittel sprechen wollen, das wie kein andres geeignet sei, den Menschen zur Objektivität zu erziehen.

Ich kann heute nach sorgfältiger Überlegung der Frage zum mindesten nicht behaupten, daß dieser Erziehungswert ein spezifischer Wert des naturwissenschaftlichen Unterrichtes ist. Die fundamentale Eigenschaft des logischen Denkens ist die Skepsis gegen die eigenen Einfälle, die zweifelnde Haltung gegen sich selbst, das hartnäckige Zaudern vor dem Accepit der von den Vermutungen dargebotenen Antworten. Gerade diese Eigenschaft ist aber auch die wesentliche Eigenschaft der Objektivität. Sie haftet darum aller Erziehung zum logischen Denken an, also aller ernsten Beschäftigung mit selbständiger wissenschaftlicher Arbeit. Ich möchte in aller Form einen auch von mir in frühern Jahren gemachten und bis heute oft zitierten Ausspruch widerrufen, daß in dieser Beziehung der naturwissenschaftliche Unterricht besonders ausgezeichnet wäre.

Aber es bleibt noch viel mehr zu sagen. Ebensowenig als es eine allgemeine Beobachtungsfähigkeit gibt, ebensowenig gibt es eine allgemeine Befähigung zur Objektivität. Wer auf einem Gebiete objektiv ist, braucht es durchaus noch nicht auf allen Gebieten des Denkens zu sein. Wie im gleichen Gehirne manches Menschen, ja sogar vieler Menschen gemäß ihrem höchst geringen Bedürfnis nach innerer Ordnung und Harmonie in ihrer Gedankenwelt sich recht wohl Leichtgläubigkeit, ja Aberglaube auf einem Gebiete mit streng logischer Konsequenz auf andern Gebieten vertragen, wie es Menschen gibt, die in ihren Amtsbefugnissen ehrlich und zuverlässig sind, außerhalb derselben aber aus kleinen Unehrlichkeiten und Unzuverlässigkeiten sich kein besonderes Gewissen machen, so gibt es natürlich auch Menschen, die in ihren rein intellektuellen Arbeiten, in ihrer Forschung durchaus objektiv sind oder objektiv zu sein sich bemühen, in der Behandlung von politischen, religiösen oder ästhetischen Fragen, ja selbst der Menschen aber nur allzu oft jede Objektivität vermissen lassen. Die in allen Angelegenheiten gleichmäßig kühle Objektivität ist sogar eine seltene Erscheinung.

Wovon hängt denn das objektive Denken ab? Einmal davon, daß die beobachteten Tatsachen überhaupt eine Frage an uns stellen, weiter davon, daß uns Vermutungen aufsteigen, wie die Frage beantwortet werden könnte, drittens davon, daß wir diesen Vermutungen gegenüber, ohne irgendeine von vornherein zu bevorzugen, zunächst eine ganz gleichmäßig reservierte Haltung einnehmen. Ob die Tatsachen eine Frage an uns stellen, das hängt in der Hauptsache von dem Interesse ab, das wir an den Tatsachen haben. Ob uns Vermutungen aufsteigen, das hängt von unserm Wissen und von unserm Scharfsinn ab. Beim Mangel an Interesse sprechen wir von Teilnahmslosigkeit, beim Mangel an Wissen von Unwissenheit, beim Mangel an Scharfsinn von Beschränktheit des Menschen. Beim naiven, geistig undisziplinierten Menschen wird die nächstbeste Vermutung angenommen. Nicht der Mensch denkt in diesem Falle, sondern es denkt in dem Menschen; es vollzieht sich hier ein unwillkürlicher psychologischer, aber kein logischer Vorgang.

Sobald wir aber die Vermutung nicht ungeprüft hinnehmen, bleibt eine gewisse Unruhe in uns. Diese unbehagliche Unruhe so lange aufrechtzuerhalten, bis eine Vermutung kommt, die allen Prüfungen standhält, das ist Objektivität.

Wenn wir aber nun beim Schüler diese Fähigkeit für das Übersetzen oder für naturwissenschaftliche Probleme erzogen haben, so hat er sie noch lange nicht für alle Fälle des Lebens. Ach wie herrlich leicht wäre das Erziehungsgeschäft, wenn diese Konsequenz gezogen werden könnte! Der Unbehaglichkeit des Zauderns gegenüber unsern eigenen Urteilen stehen alle von Jugend auf gefaßten Vorurteile und Voreingenommenheiten entgegen, alle uns eingeimpften Meinungen und Dogmen, alle Parteiinteressen, alle Leidenschaften, alle Eingebungen, die unsre Eitelkeit schmeicheln, unsre natürliche Trägheit und Bequemlichkeit, unsre Furcht, unsre Hoffnung, unsre Liebe. Der Kampf mit diesen Eigenschaften unsrer Seele erfordert ganz andre Übungen als die kühlen lateinischen Stilübungen, geometrischen Konstruktionsaufgaben und physikalischen und chemischen Untersuchungen. So verstehen wir die merkwürdige Erscheinung, daß den meisten Menschen nur allzu leicht die köstliche Eigenschaft der allgemeinen Objektivität mangelt, obwohl sie durch eine wertvolle Schule objektiven Denkens gegangen sind. Alles, was man mit Bestimmtheit sagen kann, ist, daß der naturwissenschaftlich Geschulte, soweit er von wissenschaftlicher Eitelkeit frei ist, wenigstens den Erscheinungen der außermenschlichen Welt gegenüber seine Objektivität bewahren wird, welche ihm durch die Beschäftigung mit dieser Außenwelt anerzogen ist, und daß er Urteile und Schlüsse, die sich auf wertfreie Erscheinungen beziehen, ohne Voreingenommenheit mit dem nämlichen Gleichmaß der Genauigkeit prüfen wird, die ihm durch seine Untersuchungen der gleichen Dinge von Jugend auf zur Gewohnheit geworden ist. Nicht mit der nämlichen Bestimmtheit läßt sich dieses Ergebnis von philologisch-historischer Beschäftigung erwarten, weil ja der Gegenstand selbst viel zu sehr mit den ästhetischen, moralischen, sozialen, religiösen Werten verbunden ist, und die Werturteile nur allzu leicht von den oben erwähnten Faktoren abhängig werden.

Dagegen bleiben noch zwei andre spezifische Erziehungswerte zu erwähnen, von denen der eine dem naturwissenschaftlichen Unterricht inhärent ist, der andre jederzeit aus ihm durch geeignete Organisation des Unterrichtsbetriebes gezogen werden kann. Es ist wohl selbstverständlich und von mir auch bereits erwähnt, daß die intime Beschäftigung mit einer exakten Wissenschaft notwendig selbst wieder gewisse Tugenden der Exaktheit auslösen muß, weil ja ohne diese hier nichts erreicht werden kann. Natürlich ist es nicht so, als ob nicht auch auf dem Wege andrer Unterrichtsdisziplinen der Mensch zu exakten Arbeiten sich erziehen ließe. Nur liegt dort diese Erziehungskraft nicht im Wesen dieser Stoffgebiete selbst, weil ihnen jene scharfen Kontrollmöglichkeiten fehlen, die den Naturwissenschaften, sowie besonders der Mathematik, eigentümlich sind, die aber auch sehr vielen manuellen Techniken und in weitgehendem Maße auch dem konstruktiven Zeichnen anhaften. Geographie und Geschichte z. B. liefern zu diesem Erziehungswert überhaupt keinen Beitrag, ebensowenig allerdings der landläufige Unterricht in Zoologie und Botanik, soweit mit ihm nicht quantitative biologische Übungen verbunden sind, die zum Arbeiten mit Maß, Zahl und Gewicht Veranlassung geben. Aber auch dem Physik- und Chemieunterricht kommt dieser Wert nur dann zu, wenn er mit einem ausgedehnten Laboratoriums- und gegebenenfalls auch Werkstattunterricht verbunden ist, wo die Schüler jeden Tag mit entsprechenden Übungen beschäftigt werden können. Von der Peinlichkeit der Untersuchung hängt ja gewöhnlich das Resultat des logischen Denkens ab, und nirgends läßt sich der Grad der Peinlichkeit besser kontrollieren als überall da, wo mit Maß, Zahl und Gewicht gearbeitet wird. (Vgl. dazu auch mein Buch: Begriff der Arbeitsschule, 7. Aufl. 1928, B. G. Teubner, Leipzig.) Hier haben wir es dann auch tatsächlich mit einer übertragbaren Eigenschaft zu tun. Wem in einer Technik Genauigkeit zur zweiten Natur geworden ist, der ist unbefriedigt, wenn er sie nicht in jeder andern Technik, die ihm das Leben zuweist, in gleichem Maße erreichen kann. Obwohl der Betrieb der heutigen physikalischen und chemischen Schülerübungen mich noch recht unbefriedigt läßt in bezug auf die Auswertung für die Schulung der Denkfähigkeit, in bezug auf die Gewöhnung an Sorgfalt, Genauigkeit, Peinlichkeit, Gewissenhaftigkeit habe ich manchen glänzenden Schulbetrieb auf meinen Studienreisen gefunden.

Der Laboratoriumsbetrieb aber, der ausschließlich diesen Erziehungswert garantieren kann, vermag endlich noch einen letzten Erziehungswert auszulösen, die Hingabe an die Entwicklung andrer. Sobald die elementaren Gewohnheiten der Feinfühligkeit, Sorgfalt, Gründlichkeit und Gewissenhaftigkeit, deren Erwerb vor allem dem Laboratoriumsbetrieb der ersten Jahre zugewiesen werden muß, entwickelt sind, mindestens aber in den oberen Klassen unsrer neunklassigen Schulen, können zahlreiche Übungen eingesetzt und verlangt werden, die sich vom Gesichtspunkt der Arbeitsgemeinschaft aus organisieren lassen, bei denen mehrere Schüler, mit großem Vorteile auch für die wissenschaftliche Ausbildung, an der Durcharbeitung einer Frage gemeinsam arbeiten. Es ist z. B. durchaus nicht nötig, daß in dem früher angeführten Beispiele der Bestimmung des Reflexionsgesetzes für Lichtstrahlen ein Schüler mehr als zwei Fälle zum Induktionsverfahren liefert; um die acht oder zehn Fälle zu erlangen, welche die Überzeugung hervorrufen sollen, daß es sich hier nicht um eine Einzelerscheinung handelt, sondern um ein Gesetz, ist es sogar vielleicht besser, mehrere Schüler gemeinsam die Tabelle mit ihren Resultaten füllen zu lassen. Dabei werden die Begabten rasch und sicher, die Unbegabten langsam und unsicher arbeiten. Ist es hier nicht von größtem Vorteil für die moralische Erziehung mindestens der Begabten, den weniger Begabten bei der Ausübung ihrer Untersuchungen mit Rat und Tat zur Seite zu stehen? Gibt nicht andernteils die gemeinsame Vergleichung der Beobachtungsfehler, die gemeinsame Besprechung der Quellen dieser Fehler unter der betreffenden Schülergruppe selbst die mannigfache Veranlassung zur Beurteilung der eigenen Leistung in Hinsicht auf ihren Wert für das Gesamtergebnis. Kann nicht eine derartige Betriebsanordnung sehr viel zur Hebung des Verantwortlichkeitsgefühles für die eigene Tätigkeit wie für die Tätigkeit der den Besseren anvertrauten Schwächeren beitragen? Ich will es bei diesen wenigen Bemerkungen bewenden lassen. Ich habe mich wiederholt und eingehend über das Prinzip der Arbeitsgemeinschaft und die ganz besondere Geeignetheit des naturwissenschaftlichen Unterrichts für die Durchführung dieses Prinzips ausgesprochen. (Vgl. insbesondere „Charakterbegriff und Charaktererziehung", 4. Aufl. 1928, B. G. Teubner, Leipzig; „Begriff der staatsbürgerlichen Erziehung", 5. Aufl. 1923, B. G. Teubner, Leipzig.)

Fassen wir die bisherigen Untersuchungen kurz zusammen! Der naturwissenschaftliche Unterricht ist ein gleich brauchbares, wenn auch beim gegenwärtig möglichen Betriebe noch nicht gleich wirksames Werkzeug für die geistige Zucht, für die formale Bildung, wie der Unterricht in den alten Sprachen, oder besser gesagt, wie das Übersetzen aus der lateinischen oder griechischen Sprache, oder wie der Unterricht in den mathematischen Wissenschaften. In bezug auf die Erfüllung der Seele mit dem Geist der Gesetzmäßigkeit und in bezug auf das Bedürfnis nach eindeutiger Formulierung der Begriffe übertrifft er allen fremdsprachlichen Unterricht. Infolge der aus dieser Eigenschaft sich ergebenden Strenge der Schlüsse ist er ebenso wie die Mathematik imstande, das Gefühl der Verantwortlichkeit für die Ergebnisse der eigenen Arbeit und in Verbindung mit der Geschichte der Naturwissenschaften und Mathematik der Ehrfurcht vor der geistigen Arbeit andrer zu erwecken und jene seltene Wahrheitsliebe zu erziehen, welche in ehrlicher Selbstverleugnung die Grenzen aller menschlichen geistigen Tätigkeit erkennt und eingesteht. Er entwickelt weiter wie alle künstlerische oder technische Beschäftigung mit der Welt der Erscheinungen gewisse Beobachtungsbegabungen welche bei ausschließlicher Betätigung mit der subjektiven Welt der Literatur, soferne diese Begabungen nicht sehr stark sind, verkümmern. Er erzieht, sobald sich das Verantwortlichkeitsgefühl eingestellt hat, nicht nur zur Gründlichkeit und Gewissenhaftigkeit im Denken, was er mit gewissen andern Unterrichtsdisziplinen teilt, sondern auch zur peinlichen Genauigkeit im praktischen Arbeiten und kann dann in vorzüglicher Weise, sobald eine gewisse Schulung in der naturwissenschaftlichen Technik erreicht ist, in den Dienst geistiger Hilfsbereitschaft für andre und der Hingabe an gemeinsame geistige Arbeitszwecke gestellt werden. Endlich läßt die Möglichkeit sorgfältigster Selbstprüfung jedes Arbeitsergebnisses auf eine restlose Vollendung sowohl durch Innenschau (wie bei den Übersetzungsübungen) als auch durch Außenschau vermittelst Maß, Zahl und Gewicht, ja die Nötigung dazu durch das Werk selbst die Naturwissenschaften (wie natürlich auch die Mathematik, die Technik und das konstruktive Zeichnen) als Mittel zur Erziehung sachlicher Einstellung besonders geeignet erscheinen.

VI. EIN MANGEL IM ERZIEHUNGSWERT DER NATURWISSENSCHAFTEN

Diesen Erziehungskräften, die der naturwissenschaftliche Unterricht teils ausschließlich besitzt, teils mit andern Unterrichtsdisziplinen teilt, steht nun allerdings ein Mangel gegenüber, der keineswegs übersehen oder gar für unbedeutend erklärt werden darf. Der Mangel liegt im weitern Gebiete der Erziehungswerte, in das auch die Erkenntniswerte gehören. Man mag das Reich des Wissens und der Erkenntnis, welches die Naturwissenschaften erschließen, noch so hoch einschätzen, man mag ihre Bedeutung für das praktische Leben oder gar für die Ermöglichung einer vernünftigen Lebensführung als unentbehrlich bewerten, es bietet doch nur eine Seite des Weltbildes, die Seite des Müssens. Zur andern Seite des Weltbildes führt es nicht oder doch nur indirekt, zur Seite des Sollens.

Diese Welt des Sollens ist im Gange der Geschichte, in den Betrachtungen der Philosophie, in den Werken der großen Dichter niedergelegt und mit ihr beschäftigen sich, abgesehen von Psychologie, Erkenntnistheorie, Ethik und Ästhetik, die sprachlich-historischen Wissenschaften. Die Beschäftigung mit der Literatur der Alten ist daher nicht nur, wie wir gesehen haben, ein ausgezeichnetes Mittel für geistige Zucht, sondern sie führt zugleich auch in die Welt des Sollens ein oder — wie man sich auch ausgedrückt hat — in die Welt der Werte. Lehren uns die Naturwissenschaften die Beziehungen des Menschen zum Außermenschlichen kennen, so unterrichten uns die sprachlich-historischen Wissenschaften über die Beziehungen des Menschen zum Mitmenschen und zum Übermenschlichen. Es unterliegt gar keinem Zweifel, daß die einen Beziehungen so wichtig sind wie die andern und daß deswegen in der Erziehung des Nachwuchses keine der beiden großen Wissensgruppen ganz vernachlässigt werden darf. Ein sorgfältiges Studium jeder der beiden Welten zeigt übrigens deutlich, daß bei dem heutigen Stand unsrer Erfahrung keine von beiden sich völlig dem geistigen Auge erschließt, ohne ein Verständnis für die andre. Neben den Gesetzen, die unser anorganisches Leben beherrschen, neben den Gesetzen, welche uns helfen, die Naturkräfte in den Dienst der Kultur zu zwingen, stehen gleichwertig die Gesetze, Maximen, Regeln, welche in langer geistiger Entwicklung die Ordnung der heutigen menschlichen Gesellschaft bestimmen. Für diese Gesetze, Maximen, Regeln sind zwar in den meisten Fällen keine strengen Beweise für ihre Gültigkeit möglich, aber gerade deshalb kann das Verständnis für sie nur aus ihrem geschichtlichen Werden gewonnen werden. Der unhistorische Sinn sieht in den Gesellschafts-, Staats-, Rechts-, Sitten- und Religionsordnungen der Gegenwart nur eine chaotische Willkür, entsprungen aus dem Egoismus und dem Herrsch- und Machtbedürfnis einzelner Klassen und Stände. Der historische Sinn dagegen lehrt uns die Welt der Werte genau ebenso als einen notwendigen Entwicklungsprozeß verstehen wie die Welt der objektiven Erscheinungen und damit erst die Gegenwart und ihre Verhältnisse richtiger und gerechter beurteilen. In der Geschichte, in der Literatur leben die Ideale in Tausenden von Beispielen, die das individuelle und soziale Bedürfnis geschaffen hat und welche die Philosophie zu erklären und in einer gewissen Gesetzmäßigkeit zu begreifen sucht. Dort nehmen sie die greifbaren Formen an auch für jene Millionen, welche dem mühevollen Gang philosophischer Deduktionen nicht zu folgen vermögen, oder welche, wie unsre Schüler, die kurze Lebenserfahrung noch nicht zu solchen abstrakten Gedankengängen reizt und die von der Welt der Wirklichkeit noch allzu erfüllt sind, um ein Bedürfnis zu haben, solchen Gedankengängen zu folgen. Die Philosophie selbst ist ein Gebäude, das auf dem weiten Fundamente der Vergangenheit ruht und in das niemand eintreten kann, ohne vorher die bisweilen recht mühsame Wanderung unternommen zu haben, die ihn mit den Gedankenreihen früherer Denker in Berührung gebracht hat.

Allerdings aus diesen Erwägungen die Notwendigkeit des Studiums der alten Sprachen konstruieren zu wollen ist aussichtslos. Die ganze Welt des Sollens ist heute ebensogut in der deutschen Literatur niedergelegt wie in irgendeiner fremden und im Hinblick auf ästhetische Werte steht sie hinter keiner Literatur der Welt zurück. Das alles hat sich seit 150 Jahren gründlich geändert, leider nicht auch die Anschauung vieler Philologen, daß nur Latein und Griechisch die eigentliche Porta triumphalis ist, die in das Reich des Sollens führt. Läge nicht ein anderer, kaum zu ersetzender Erziehungswert in der Beschäftigung mit ihnen, die eben erwähnte Forderung würde nicht zu diesem Bildungsmittel zwingen.

Auch noch in einer andern Hinsicht wird dieses durch das Studium der alten Sprachen erarbeitete Wertwissen, dieses Wissen um das Sollen, von den Verteidigern des alles überragenden Erziehungswertes der humanistischen Studien überschätzt. Man schrieb den humanistischen Studien sogar einen höheren Wert für die moralische Erziehung zu als allen andern Studien. Das läßt sich aber nicht beweisen. Das Wertwissen, das Religion, Geschichte, Literatur geben, ist noch lange kein Wertwollen. Man kann sogar eine recht gute Philosophie der Werte schreiben und doch moralisch tief stehen. Wertwollen wird eben nicht durch Wertwissen erzeugt, sondern durch Werterleben. Werterleben wird aber nicht, zum mindesten nicht das erstemal, durch Bücher und Erzählungen erreicht, sondern durch persönliche Erfahrungen und durch den Verkehr mit werterfüllten Persönlichkeiten, die aus irgendeinem Grunde uns Achtung abgenötigt haben. Nur da, wo unser Wertwissen solche Erfahrungen und solche Assoziationen vorfindet, da wird es von Bedeutung auch für unser Werterleben. Weil das Leben außerhalb der Schule glücklicherweise den meisten Schülern eine Fülle von Erfahrungen und damit Werterlebnissen gibt, darum kann das in den Büchern der Schule aufgestapelte Wertwissen unter Umständen so nützlich wirken. Aber die Schule darf von diesem Ergebnis nur einen recht kleinen Betrag in ihr Haben buchen, außer sie ist, was ihr heute in Deutschland noch vollständig mangelt, auch auf das Werterleben systematisch organisiert.

Immerhin vermag gerade die Beschäftigung mit der Literatur fremder Sprachen und mit Geschichte eine Summe von Werturteilen dem Schüler zu geben und sie zu deren Prüfung veranlassen, was zu tun die Beschäftigung mit Naturwissenschaft außerstande ist. Wie daher auch immer eine Schule auf der Grundlage von Naturwissenschaft organisiert sein mag, sie wird niemals Literatur und Geschichte als notwendige Bestandteile des Unterrichts- und Erziehungsplanes außer acht lassen dürfen. Ja noch mehr, sie sollte dafür sorgen, noch ehe der Schüler auf die Hochschule übergeht, in einer Art philosophischer Propädeutik die gesamten ihm bis dahin zum Verständnis gebrachten Werturteile, soweit es die Reife der Schüler erlaubt, unter höhere Gesichtspunkte zu stellen.

Nun hat man versucht, auch aus den Naturwissenschaften ein System der Werte nicht nur abzuleiten, sondern direkt und ausschließlich auf sie zu gründen. Einer der umfassendsten Versuche dieser Art ist von Wilhelm Ostwald in seiner „Philosophie der Werte" (Leipzig 1913, Verlag Alfred Kröner) gemacht worden, der auf der Grundlage der Energiegesetze ein vollständiges System der Werte zu entwickeln bestrebt ist. Einen andern Versuch unternimmt Johannes Unold in verschiedenen Werken, vor allem in seinem Buche „Organische und soziale Lebensgesetze" (Leipzig 1906, Verlag Theodor Thomas), das eine wissenschaftliche Ethik auf Grund biologischer Gesetze gestalten will. Solche Versuche sind nicht neu. Aber selbst wenn sie, wie die beiden vorliegenden Arbeiten, von einer „mechanistischen" Weltauffassung ausdrücklich abrükken, die Aussicht auf ihr Gelingen ist nicht viel größer als die Aussicht auf die Erfindung eines Perpetuum mobile.

Denn Naturgestze sind noch keine Normen; Naturgesetze sind allgemeine Formulierungen von Erscheinungszusammenhängen, wie sie der Mensch tatsächlich vorfindet. Sie sollen uns lediglich Tatsachen begreiflich machen, sie sind Begriffsformulierungen, Prinzipien der Erklärung, die ausschließlich der urteilenden Vernunft angehören. Ob die Tatsachen, die uns die Naturgesetze begreiflich machen, auch für uns wertvoll sind und demnach unser Handeln bestimmen können, ist eine ganz andre Sache.

Natürlich ist unser Handeln auch durch Naturgesetze beeinflußt. Diese Gesetze soll der Mensch kennen, damit er nicht unnötiger Weise gegen sie sündige. Aber neben den Naturgesetzen und über ihnen bestehen die Sollensgesetze, die einer ganz andern Welt angehören als dem Reiche des physischen Seins, und die sich darum nicht aus jenen ableiten lassen. Der Mensch entdeckt ja die höheren Naturgesetze überhaupt erst, weil in ihm ein Sollensruf lebendig geworden ist, der aus dem erlebten Wert der Wahrheit ertönt, die ihn zu den mühevollsten Untersuchungen nach ihr veranlaßt. Ebenso bestimmt ein anderer zeitloser Wert, die Sittlichkeit, erst, ob und wieweit ich eine naturgesetzliche Einsicht zur Norm meines Handelns machen darf. Um den „Sinn des Lebens" zu erfragen, darf ich mich weder „an die Pflanze noch an das Tier, ja nicht einmal an „das Menschen-Geschlecht" wenden, wie Unold meint. (Vgl. seine sonst treffliche Spruchsammlung, die unter dem Titel „Weisheit des Germanen" 1925 bei Thomas-Leipzig erschienen ist, Seite 4). „Lebe für andere", oder „Lebe fürs Ganze" ruft es nicht „durch die Scharen der Pflanzen- und Tierwelt" (a. a. O. Seite 5) nicht einmal in den Bienenstöcken und Termitenhügeln. Sie erleben ja keine geistigen Werte, die das Handeln jenseits der Naturgesetzlichkeiten determinieren. Ja im menschlichen Geiste erhebt sich über der Determination der Naturgesetzlichkeiten und über der Determination der Werte noch eine dritte höchste Determination des Willens, das individuelle Gesetz der Totalpersönlichkeit, das erst zu den beiden andern Determinationen das fiat oder non fiat gibt. Damit ein Naturgesetz Norm für ein Handeln werden kann, muß ihm erst aus dem geistigen Reiche heraus unbedingt Gültigkeit verliehen werden können. Ob eine Norm unbedingt oder auch nur allgemein gebilligt werden muß, kann uns kein Naturgesetz sagen. Alle sittliche Billigung hängt von erlebten unbedingten Werten und den von ihnen gesetzten Zwecken ab.

Es ist ein zwecksetzendes Bewußtsein, dessen Tätigkeit wir die Aufstellung einer Norm verdanken, es ist ein zweckfreies Bewußtsein, das die Naturgesetze bildet.

Weil ein Naturgesetz in der organischen oder anorganischen Welt ausnahmslose Geltung besitzt, so ist damit noch lange nicht gesagt, daß es auch als Norm, d. h. als bejaht beurteilte Maxime allgemeine Gültigkeit für das menschliche Handeln hat. Das in der Natur Zweckmäßige ist nicht das Moralische, wenigstens nicht das Moralische, das unsern gegenwärtigen Anschauungen entspricht, und das Moralische muß durchaus nicht immer naturgesetzlich zweckmäßig sein. Die Natur läßt alles Schwache zugrunde gehen im Kampf ums Dasein; die sittliche Norm sagt: Hilf dem Schwachen zur Lebensfähigkeit und Kraft. Das empirische Denken vollzieht sich durchaus nach den psychischen Naturgesetzen, aber es wandelt oft himmelweit entfernt von den Normen der Logik. Gewiß können Naturgesetze unser Augenmerk auf zweckmäßige Normen lenken. Aber ich bin der Überzeugung, daß sie gegenüber dem, was uns die Menschengeschichte und das Menschenleben an wertvollen sittlichen und ästhetischen Normen gebracht hat, nichts Neues bringen können, sondern uns höchstens zu zeigen vermögen, daß sie auch in der äußern menschlichen Natur eine gewisse Gültigkeit haben.

Aus allem geht hervor, daß Naturgesetze nicht ohne weiteres schon als Normative für unser Handeln hingestellt werden oder uns Werte liefern können, nach denen wir unser Handeln bestimmen sollen. Es bedarf immer besonderer Untersuchung, ob ein Naturgesetz mit dem Anspruch auf allgemeine Gültigkeit auch als Norm für unser Handeln zu brauchen ist. Ich will daher diese allgemeine Betrachtung nicht weiter ausdehnen, zumal Windelband in seinen „Präludien" (Tübingen, 4. Aufl. 1911, Verlag B. Mohr) sowohl im ersten Bande in dem Aufsatz „Was ist Philosophie" als auch insbesondere im zweiten Bande im Aufsatz „Normen und Naturgestze" diese Frage eingehend untersucht hat, worauf ich hiermit dringend hingewiesen haben möchte. Aber es dürfte doch recht lehrreich sein, auf die Darstellung Ostwalds und Unolds in konkreter Form einzugehen.

Ostwald geht von der Tatsache aus, daß alles, was in der anorganischen Welt geschieht, in einer gewissen Richtung verläuft. Der Sinn dieser Richtung ist dadurch gekennzeichnet, daß sie zu einer unaufhörlichen Verminderung der vorhandenen freien oder arbeitsbereiten Energie führt. Er geht also mit andern Worten vom Gesetz der Dissipation, der Zerstreuung der mechanischen Energie aus, das William Thomson zuerst (1852) formuliert und dem dann Clausius die Form gegeben hat: „Die Entropie der Welt strebt einem Maximum zu." Von diesem Standpunkt aus sucht Ostwald den Weg zum Begriffe: Wert. Wenn wir die Möglichkeit hätten, alle Geschehnisse ebensogut im entgegengesetzten Sinne laufen zu lassen, wie sie vorwärts oder vielmehr abwärts laufen, so hätten wir zunächst die Möglichkeit eines ewigen Lebens; denn wir brauchten es ja nur in irgendeinem Augenblick umzukehren, um wieder beliebig jünger zu werden und es immer wieder von neuem anzufangen. Wir brauchten uns vor keiner Schädigung in acht zu nehmen, wir brauchten uns nicht um besondere Vorteile zu bemühen. Denn wenn uns irgendein Verlauf unsrer Existenz nicht gefällt, brauchten wir ihn ja nur umzukehren, bis wir in einen früheren Zustand gekommen sind, von dem aus wir die Sache wieder in verbessertem Sinne anfangen könnten. Das Leben würde mit einem Wort richtungslos werden und ebensowenig darauf drängen, daß die Dinge gerade in einer bestimmten Weise geschehen, wie das Sandkorn am Strande des Meeres darauf drängt, daß es ans Ufer geworfen und nicht in die Tiefe zurückgerollt wird (a. a. O., S. 112). Ohne Dissipationsgesetz, also ohne eindeutigen Verlauf des Weltgeschehens, gäbe es also, so meint er, keinen Gegenstand, den wir vorzögen, nichts, was für uns einen verschiedenen Wert haben könnte, nichts, worauf also der Wille mehr als auf etwas anderes gerichtet sein könnte, und damit gäbe es überhaupt keinen Willen (a. a. O., S. 124).

Nun könne uns nur die Kenntnis der Vergangenheit zur Kenntnis der Zukunft führen. So weit sie das tut, aber auch nur so weit und dann aber auch im ganzen Umfange, habe die Kenntnis der Vergangenheit einen Lebenswert. Wo eine bewußte Erinnerung mit Voraussicht in die Zukunft und eine entsprechende Wahl von verschiedenen Möglichkeiten noch nicht vorhanden ist, da könne von einem Werte auch nicht die Rede sein. Denn diese Begriffe setzen ein Vergleichen verschiedener künftiger Möglichkeiten voraus. So sähen wir denn auch, daß in der Tierwelt ein Verhalten, das mit der Vorstellung eines Wertes in Verbindung gebracht werden kann, erst bei solchen Geschöpfen aufzutreten beginnt, welche einen mehr oder minder bestimmten Blick in die Zukunft zu werfen vermögen. Ebenso beobachteten wir beim Vergleich verschieden hochentwickelter Menschen, sowohl Individuen wie Rassen, daß der Begriff des Wertes dem Kinde und dem niedrig stehenden Wilden so gut wie vollkommen fehle. Der Begriff des Wertes beginne dort aufzutreten, wo ein Plus oder Minus des Bedürfnisses besteht und dadurch ein Austausch des einen Objektes gegen das andre erwünscht ist, wo also die Willensbetätigung für die Verbindung desselben in Betracht komme. Seine eigentliche Entwicklung erlange indessen das System der Werte erst in der sozialen Betätigung des Menschen, durch welche eine weitgehende Vereinzelung der Funktionen und damit ein entsprechendes System des Austausches wertvoller Objekte bewirkt wird. Diese Wertobjekte erhielten ihren Wert durchaus durch die menschliche Arbeit, den persönlichen Energieaufwand, der zu ihrer Gewinnung oder Herstellung erforderlich ist. Nun seien zufolge der Entwicklungsgeschichte die höchsten und feinsten und demgemäß die wertvollsten Leistungen ganz allgemein stets die letzten, während die früheren Leistungen primitiveren Charakter haben. Auf diese Weise gewinne man eine vorläufige Orientierung (über die höchsten Werte) über die Frage, schon allein aus der historischen Betrachtung. Sind hervorragende und ausgezeichnete Kunstleistungen das letzte Produkt der kulturellen Entwicklung irgendeiner Nation oder sonstigen menschlichen Gemeinschaft, oder ist umgekehrt die angewandte und reine Wissenschaft ein derartiges letztes Produkt? Auch nur ein flüchtiger Blick auf die Kulturgeschichte lehre, daß das zweite der Fall sei. Um überall die tatsächliche Höhe einer Kultur festzustellen, wird man den energetischen Imperativ: „Vergeude keine Energie, verwerte sie!" als unmittelbar verwendbaren Maßstab benützen können (a. a. O., S. 260 bis 266). Wir überzeugen uns ohne weiteres, daß wir ein Kunstwerk um so höher schätzen, für um so besser, wirksamer, erhebender oder beglückender halten, je größer der energetische Nutzungskoeffizient des Kunstwerkes ist, je stärker die ästhetischen Empfindungen sind, die in gleicher Zeit und durch den gleichen Aufwand beim Empfänger ausgelöst werden (a. a. O., S. 275). Jede einzelne Form unsrer systematischen Kulturentwicklung erhalte ihre Berechtigung und auch ihre Wertstufe durch das Maß, in welchem ihr die Lösung der Aufgaben gelungen ist, eine möglichst große Leistung mit einem möglichst geringen Energieaufwand zu bewerkstelligen.

Ostwald will also nicht in Abrede stellen, daß es Normen für die Beurteilung des Wertes gibt, und zwar allgemein bindende Normen. Was er nachzuweisen sich bemüht, ist nur, daß die Grundnorm für die Beurteilung aller Werte aus dem Dissipationsgesetz fließt. Aber es geht ihm damit nicht besser als allen jenen, die bis heute aus andern Quellen eine materielle Grundnorm abzuleiten versucht haben. Kant hat sich bekanntlich mit einer formellen Grundnorm bescheiden müssen, mit dem kategorischen Imperativ: „Handle so, daß die Maxime deines Handelns zugleich als Prinzip einer allgemeinen Gesetzgebung gelten kann!" Einen materiellen Pflichtenkreis daraus abzuleiten gelang ihm nur, indem er das Prinzip von der Wahrung der Menschenwürde unter der Hand zu Hilfe nahm. Nichts andres tut Ostwald, indem er das Prinzip der ökonomischen Energetik einschmuggelt. Während aber Kant für sein Prinzip die Entwicklung aus der menschlichen Kultur für sich hat, gilt Ostwalds Prinzip nur in der außermenschlichen Natur, und zwar nachgewiesenermaßen nur in der anorganischen. Nirgends findet sich bei Ostwald auch nur ein Versuch nachzuweisen, daß psychische Energie eine Umwandlungsform der physikalischen Energie sein könnte oder gar, daß eine äquivalente physikalische Energie mit dem Auftreten eines Betrages psychischer Energie verschwindet. Ludwig Boltzmann hat schon im Jahre 1904 (siehe Populäre Schriften S. 365, Ambr. Barth 1905) darauf hingewiesen, daß alle Energie wahrscheinlich überhaupt in Form von physikalischer Energie der Gehirnmasse stehen bleibt und die sogenannte psychische Energie nur eine energielose Begleiterscheinung ist. Wie wenig aber das Ostwaldsche Prinzip gerade für das menschliche Handeln allgemeine Gültigkeit haben kann, wie wenig ihm insbesondere Evidenz zukommt, geht sogar aus einer seiner eigenen Bemerkungen hervor. Selbst wenn wir das Weltgeschehen immer wieder rückgängig machen könnten, gäbe es doch ganz bestimmt einen Wunsch, nämlich den, möglichst wenig rückgängig machen zu müssen, weil uns ja dann die bitteren Erfahrungen erspart bleiben, die uns veranlassen, einen Handlungsverlauf überhaupt rückgängig zu machen. Und mit dem Wunsche wäre der Wille da, und mit dem Willen der Wert, trotz aller vollkommenen Kreisprozesse. Man kann auch nicht sagen, daß zufoge der Entwicklungsgeschichte die höchsten und feinsten und demgemäß wertvollsten Leistungen ganz allgemein stets die letzten sind und daß die früheren Leistungen minderwertigen Charakter haben. Man kann auch die Leistungen der Kunst nicht mit denen der Wissenschaft vergleichen. Man kann nicht sagen, die Kantsche Philosophie ist eine höhere Leistung als die Kunst des Michelangelo oder diese eine niedrigere Leistung wie die Musik Beethovens, weil Michelangelo vor Kant und Beethoven gelebt und gewirkt haben. Vielleicht könnte man vom energetischen Standpunkte Ostwalds aus sagen, in der Philosophie Platos stecke weniger Energieverbrauch als in der Philosophie Kants, weil die Summe der philosophischen Arbeit aller Menschen bis zur Zeit Platos kleiner gewesen sein muß als bis zur Zeit Kants. Aber wenn uns kein andrer Maßstab sagt, daß die Philosophie Kants höher steht als die Platos, wer sagt uns dann, daß die Arbeit Kants wertvoller ist als die Arbeit Platos? Der bloße Energieverbrauch? Welche Unsumme von Lebensenergie ist nicht schon für den größten Unsinn vergeudet worden, der eine Zeitlang die Welt oder doch einen großen Kreis von Menschen beherrschte? Ist dieser Unsinn von höherem Wert, weil er 2000 Jahre später kam als der Sinn, von dem er ausging? Oder ist die Arbeit desjenigen, der den Schlußstein in einen gewaltigen Bogen einfügt, wirklich höher zu bewerten als die Arbeit desjenigen, der die Fundamente legte? Steht nicht jedes Jahrhundert auf den Schultern des andern? Wenn die höchsten wissenschaftlichen Leistungen erst in das 20. Jahrhundert fallen, die höchsten Leistungen der bildenden Kunst schon in die Zeit des Perikles fielen, und wenn in diesem Zwischenraum von 2500 Jahren so unendlich viel mehr Energie verbraucht wurde, kann dieser Mehrverbrauch an Energie einen Maßstab bilden dafür, daß die Wissenschaft einen höheren Wert darstellt als die Kunst? Gibt die mechanische Summation des Energieverbrauchs einen Maßstab für die Kulturgüter überhaupt? Die ökonomische Energetik hat zur Entwicklung unsrer heutigen Technik geführt; aber sie hat nicht, wie Ostwald behauptet (a. a. O., S. 266), die Handarbeit in Kopfarbeit verwandelt, sie hat immer mehr schwere, mühsame, grobe Arbeit dem Menschen abgenommen, im übrigen durch ihre rafffinierte Arbeitsteilung die Handarbeit derartig mechanisiert, daß die heutige Technik eine große Gefahr für die

Kultur überhaupt wird, und daß alle ernsthaften Volkswirtschaftler darüber nachdenken, wie diese unheimliche Wirkung der energetischen Ökonomie in der menschlichen Arbeit, also die Ökonomie des Ostwaldschen energetischen Imperativs: „Vergeude keine Energie, schone sie!" paralysiert werden kann. Es gibt gar keine schlimmere Dissipation der freien Energie als jene, welche der grauenvolle Zwang der mechanischen Arbeitsteilung mit sich bringt, die ein warmes, pulsierendes Menschenleben bis zu seinem Tode in ihren leidbringenden Krallen hält. Und wenn aus der Hand von Millionen Maschinensklaven unter der Führung eines menschlichen Geistes wahre Wunderwerke menschlicher Technik entstehen, sind sie nicht oft erkauft um einen geradezu erschütternden Marktpreis, mit dem Glück eben dieser Millionen? Aus diesem Dilemma der Tragödie der Kultur rettet uns kein Dissipationsgesetz.

Der energetische Imperativ: „Vergeude keine Energie, schone sie!" ist eben doch ein utilitarischer Imperativ, dessen Führung in den größten Problemen der Menschheit versagt. Solange ich weiß, wieviel Kraft überhaupt nötig ist, um eine gewisse Arbeit zu leisten, hat der Befehl einen ganz deutlichen Sinn. In sehr vielen, und gerade den wichtigsten moralischen Dingen können wir indessen auch nicht entfernt den Betrag an Kraft bemessen, der nötig ist, um eine Tat zu vollbringen. An sich ist die Maxime uralt. Es ist eben der Grundsatz, an physischer Kraft, an Material, an Zeit, an Geld nicht mehr aufzuwenden, als zur Erreichung eines Zweckes unbedingt nötig ist. Sobald Leistung und Gegenleistung sich in Maß und Zahl berechnen lassen, ist dieser Grundsatz in jeder Hinsicht beherzigenswert.

Auf dem psychologischen Gebiet läßt sich aber eine solche Rechnung vorläufig nicht aufmachen. Soll ich mein Leben opfern, um einen andern zu retten? Wer lehrt mich, ob mein Vorrat und Nutzwert an Energie sowie mein sie transformierendes Menschenleben mehr oder weniger wert ist im Augenblicke der Gefahr als der Energievorrat des Menschen, den ich unter Preisgabe meines Lebens rette? Auch auf rein physischem Gebiete kann der energetische Imperativ recht zweifelhaft sein. Wer beweist mir, daß im Haushalt der Natur ökonomisch verfahren wird, wenn zwecks Sicherung des oft verschwindend kleinen Nachwuchses die Windblütler eine ungeheure Verschwendung an Pollenkörnern treiben oder gewisse Fischgattungen Millionen von Eiern legen müssen?

Im Gegensatz zu Ostwald, der vom Fundamentalgesetz der anorganischen Welt ausgeht, sucht Unold durch Aufzeigung einer durchgehenden organischen Gesetzmäßigkeit, die, wie er sagt, ganz und gar nicht identisch ist mit mechanischer Notwendigkeit, die Übereinstimmung zwischen natürlicher und menschlicher Entwicklung herzustellen und ein Fundament zu gewinnen, auf welchem die sittlichen Gesetze als Naturgesetze des menschlichen Einzel- und Gemeinschaftslebens wohl begründet ruhen. „Die Zwecke des menschlichen Wollens sind durch äußeren Zwang und inneren Drang nach vielen Fehlgriffen und tausend Versuchen und dem Zusammenwirken äußerer und innerer Faktoren ‚geworden'. Erst nachdem durch langdauernde Anpassung und Vererbung der Organismus gehörig gefestigt ist, kann man sagen, daß die einzelnen Organismen den Zweck ihrer Organisation und das Ziel ihrer individuellen Entwicklung schon in der Keimanlage vorgezeichnet finden und ihm, wenn auch unbewußt, doch mit entschiedener Selbsttätigkeit und Triebkraft zustreben."

Demgemäß ergibt sich für Unold als Zweck und Ziel des Lebens die Selbst- und Gattungserhaltung durch beständige Anpassung innerer Kräfte an äußere. Das erste Grundgesetz alles organischen Lebens ist also Erhaltung der Gattung, Anpassung und Fortpflanzung des Einzelwesens (a. a. O., S. 54). Das zweite Grundgesetz ist das Gesetz der Entwicklung, welches durch zunehmende Vermannigfachung (Differenzierung) bei gleichzeitiger zunehmender Vereinheitlichung (Konzentrierung) der Organe und Organsysteme ein Fortschreiten zu größerer Mannigfaltigkeit und größerer Tüchtigkeit (= Leistungsfähigkeit) bewirkt. Das Wesen dieser Entwicklung bilden Arbeitsteilung und Arbeitsvereinigung; ihr Resultat ist vielseitige Anpassungs- und Leistungsfähigkeit, d. i. Tüchtigkeit. Da die Erhaltung der Gattung nicht ohne die Selbsterhaltung möglich ist, so beherrschen eigentlich drei Gesetze das organische Leben: Selbsterhaltung, Gattungserhaltung, Entwicklung (a. a. O., S. 291).

Diese drei Gesetze werden unter einer Fülle von Material aus dem Leben der Tier- und Pflanzenwelt entwickelt. Dabei wird oft recht anthropomorphisiert. „Die Pflanze schon," sagt er auf S. 66, „die aus Luft und Boden mit Hilfe des

Sonnenlichtes ‚Leben' aufbaut und Leben in Form von sogenannten Reservestoffen (Stärkemehl, Zucker usw.) in Blättern, Wurzeln, Stengeln, Früchten aufbewahrt, befolgt das große Lebensgesetz: ‚Lebe für andre!' " In ähnlicher Weise kommt er auf zwei andre goldene Lebensregeln: „Lebe richtig für dich" und „Lebe für das Ganze".

Auf die Frage: „Wie ordnen wir unser persönliches und öffentliches Leben?", antworten die drei Lebensgesetze mit:

I. Ordnet euer persönliches und öffentliches Leben so, daß in erster Linie das dauernde Ganze (Volk und Menschheit) sich gesund, kräftig und blühend erhalte durch naturgemäße, richtige Lebensführung der einzelnen, durch vernünftige Anpassung an die natürlichen, sozialen und kulturgeschichtlichen Lebensbedingungen, durch menschenwürdige Fortpflanzung und Erziehung.

II. Ordnet euer persönliches und öffentliches Leben so, daß das Ganze (Volk und Menschheit) zu größter Tüchtigkeit und Leistungsfähigkeit sich entwickelt, durch größte Tüchtigkeit und Leistungs- und Leidens(= Ertragungs-)fähigkeit der einzelnen, sowie durch allmählichen menschlichen Ersatz für die drei Hauptfaktoren der natürlichen Entwicklung: Kampf ums Dasein, Auslese und Vererbung (a. a. O., S. 291 und 292).

III. Ordnet euer persönliches und öffentliches Leben so, daß ihr fortschreitet in zunehmender Veredlung in den drei Richtungen der Humanisierung, Individualisierung und Sozialisierung; daß ihr fortfahrt in der Bildung gerechter, freier, geordneter Gemeinwesen, die einer immer größeren Zahl ermöglichen, zu vernünftigen, vornehmen, hingebenden Menschen und Persönlichkeiten zu werden.

Jeder wirkliche Naturwissenschaftler sieht auf den ersten Blick, daß diese drei Antworten aus Gesetzen der organischen Natur nur durch „Vermenschlichung" der Naturgesetze erhalten werden können. Sie sind die obersten Sprossen einer Leiter, deren unterste wir als Lateinschüler in dem Distichon kennen gelernt haben:

„Laudat alauda deum, dum sese tollit in altum,
Dum cadit in terram, laudat alauda deum."

Es ist nicht der Zweck der Pflanze, für andre zu leben, sondern die andern leben von der Pflanze (direkt oder indirekt), weil sie nun einmal so und nicht anders organisiert sind. Es ist nicht der

Zweck des Bienenstaates, durch Vergesellschaftung von Insekten ein höheres Leben zu ermöglichen; er ist kein Produkt eines zwecksetzenden Bewußtseins, sondern irgendwelche Entwicklungstatsachen haben zu dieser Arbeitsgemeinschaft geführt, ohne daß sie irgendwie gewollt waren. Diese Staatenbildung ist nur ein zufälliges Ergebnis der Entwicklung, denn sonst wäre es nicht zu verstehen, warum sie nicht sehr viel allgemeiner auftritt, mindestens in der Insektenwelt.

Die große Frage aber ist, ob man Selbst- und Gattungserhaltung überhaupt als Zweck und Ziel des Lebens ansehen darf. Daß in der organischen außermenschlichen Natur alles auf diese beiden Funktionen eingerichtet zu sein scheint, daß auch wir Menschen in unsrer Brust die beiden Triebe der Selbsterhaltung und Gattungserhaltung vorfinden, beweist noch nicht, daß für uns der Sinn des Lebens durch sie gegeben ist. Bestände aber der Sinn des Lebens wirklich in der Erfüllung dieser zwei Grundtriebe von Hunger und Liebe, so käme eine Philosophie, die ohne alle Kenntnis der menschlichen sonstigen Zwecke arbeiten müßte, zu gänzlich andern Ergebnissen als Unold. Daß Unold zu einem im allgemeinen durchaus befriedigenden Ergebnis kommt, geht nicht auf Rechnung der biologischen Gesetze, sondern weit mehr auf Rechnung von gewollten Analogien zwischen anderweitig erkannter Kulturentwicklung bzw. anderweitiger begründeter Forderung für diese Entwicklung und der natürlichen Entwicklung des organischen Lebens.

Sinn und Zweck des Lebens bestimmt nicht die Natur, sondern die Kultur. Das einzige, was man sagen kann, ist, daß die Kultur sich selbst zugrunde richtet, wenn sie einen Sinn des Lebens proklamiert, der den Gesetzen der Natur zuwider ist. Die Zeiten einer starken religiösen Kultur stellen einen ganz andern Sinn des Lebens auf als die Zeiten künstlerischen und wissenschaftlichen Schaffens, und diese wieder einen völlig andern als die Zeiten eines hochverfeinerten, aber klugen Lebensgenusses. Der Übermensch Nietzsches hat einen andern Lebenszweck als sein Herrenmensch, Tolstoi einen andern als Goethe und Goethe einen andern als Carlyle. Den Sinn und Zweck des Lebens zu ergründen, haben die Besten aller Zeiten und Völker ihr Lebenswerk hingegeben, und sie werden es tun in aller Zukunft, wie glanzvoll auch die Erkenntnis der Gesetze der Natur sich gestalten mag.

Vielleicht bleibt der wahre, objektive Sinn des Lebens den Menschen für alle Zeiten ein Rätsel. Glücklich der, der für alle Zeiten einen widerspruchslosen Sinn des Lebens aus seiner eignen, individnellen Doppelwesen gefunden hat!

Sehr viel fruchtbarer als diese Untersuchungen von Ostwald und Unold für Fällung objektiv richtiger Werturteile sind die Untersuchungen von Hans Cornelius in seinem Werke „Die Elementargesetze der bildenden Kunst" (Leipzig, 2. Aufl. 1912, B. G. Teubner). Es ist ein Verdienst von Cornelius, daß er eine Anzahl ästhetischer Normen der bildenden Kunst auf die naturgesetzlichen Bedingungen deutlichen Sehens und die psychologischen Bedingungen einer raschen Auffassung des Gesehenen zurückgeführt hat. Da die bildende Kunst Gestaltung für das Auge ist, so war die Hereinbeziehung der psychischen Gesetze des Sehens durchaus einwandfrei. Die Norm: „Die fundamentale Aufgabe aller künstlerischen Tätigkeit ist die Gestaltung zu einheitlicher Wirkung" (a. a. O., S. 31), ist vielleicht schon lange als allgemeingültig anerkannt, aber den Nachweis ihrer Notwendigkeit und eine Reihe von wichtigen Folgerungen aus ihr hat erst Cornelius geführt.

So weit daher die höheren Schulen auf ästhetische Fragen der bildenden Kunst eingehen, werden sie mit großem Nutzen die Untersuchungen von Cornelius verwerten können. Ja, ich möchte nur dringend wünschen, daß sie es tun und nicht in die öden ästhetischen Spekulationen manchen naturwissenschaftlichen Unterrichtsbetriebes verfallen, in dessen Lehrziele nach höherer Weisung auch die „Hinführung auf die Schönheit der Natur" aufgenommen ist. (Man vergleiche namentlich Lehrpläne von Volksschulen.)

Im übrigen muß die Einführung in das System der Werte, in die Maximen der Moral und in die Gesetze und Regeln der Ästhetik bis auf weiteres der Geschichte, der Religion, der Kunst und vor allem der Religionsphilosophie überlassen bleiben. Die Naturwissenschaften können nur eines tun: den Geist der Gesetzmäßigkeit alles Naturgeschehens überhaupt zum Bewußtsein bringen. Dies vermögen sie allerdings in so vollkommener und vollendeter Weise, daß ihnen hier aus keiner andern Unterrichtsdisziplin jemals Konkurrenz erwachsen kann. Dieser Geist der Gesetzmäßigkeit und das aus ihm entspringende überwältigende Gefühl der Ehrfurcht vor dem unfaßbaren, geheimnisvollen letzten Grunde der Weltordnung kann dann in empfindsamen und empfänglichen Seelen eine unzerstörbare Quelle echter Religiosität werden und sein. Diesen Geist der Gesetzmäßigkeit lehrt ein guter, richtig geführter naturwissenschaftlicher Unterricht den Schüler nicht nur; was viel wichtiger ist, er läßt ihn den Schüler Tag für Tag erleben. Dabei empfängt der zur Überhebung so leicht geneigte Mensch, je tiefer er in die Geheimnisse der Natur einzudringen sucht, eine weitere Lehre. Jahr um Jahr steigt die Einsicht in die Grenzen des logischen Denkens überhaupt, in den Wert und Unwert der Hypothesen, in das wahre Wesen der Begriffe, die der Mensch Axiome und Gesetze nennt. So wird das ernste, anhaltende, vorurteilslose Eindringen in das Wesen des Naturgeschehens auf Grund eigner Arbeit eine vorbereitende Schule für das ruhige, sich selbst bescheidende philosophische Denken. Eine Vorschule allerdings nur. Ob es zur eigentlichen Schule philosophischen Denkens wird, das hängt von vielen andern Bedingungen ab, die miterfüllt sein müssen, auf die ich nicht weiter eingehen kann.

Eine Schule für Wertbegriffe und Werturteile aber wird das Eindringen in die naturwissenschaftlichen Gesetze allein niemals. Gerade die höchsten Werte wachsen nicht aus dem Zwang des Naturgeschehens, sondern aus der Sehnsucht, diesem Zwang zu entrinnen. Sie sind entstanden aus der geistigen Not des Menschen, und die Geschichte der menschlichen Kultur ist die Leidensgeschichte dieses Suchens nach Werten. In das Verständnis der Rechtsgüter, der moralischen Güter, der religiösen Güter, der ästhetischen Güter in der bildenden Kunst und in der Literatur führt den Menschen kein andrer Weg als das Studium ihres Werdens und Vergehens. Was gerecht oder ungerecht, wahr oder falsch, gut oder böse, schön oder häßlich ist, kann kein Naturgesetz lehren; denn das Naturgesetz steht jenseits von gerecht und ungerecht, von wahr und falsch, von gut und böse, von schön und häßlich. Vor ihm schweigt unsre Billigung oder Mißbilligung, unser Wunsch oder Nichtwunsch. Wenn Ostwald meint, daß nur jenes Wissen Wert hat, welches uns eine Voraussicht in die Zukunft ermöglicht, was ja allerdings bei den naturwissenschaftlichen Gesetzen der Fall ist, so übersieht er, wie mir scheint, daß, um das Wahrscheinliche eines zukünftigen Geschehens vermuten zu können neben den alles regelnden Gesetzen der Natur auch das Verständnis der Gegenwart notwendig ist, aus der sich die Zukunft entwickelt. Diese Gegenwart verstehen wir aber niemals, wenn wir nicht ihre Vergangenheit kennen. Die Vergangenheit lehren uns nur Geschichte und Literatur kennen, eine Geschichte und Literatur, die nicht einmal die Naturwissenschaft selbst für ihre eignen Aufgaben entbehren kann.

VII. BEDINGUNG FÜR DIE AUSLÖSUNG DER ERZIEHUNGSWERTE

Soll nun aber der naturwissenschaftliche Unterricht überhaupt Erziehungswerte auslösen, so muß er unter Bedingungen vor sich gehen, die nur allzulange unberücksichtigt geblieben sind. Erst in den letzten Jahren richtet sich mehr und mehr das Augenmerk auf sie. Zum Unterricht gehören außer dem Lehrstoff vier Dinge: Schüler, Lehrer, Methoden und Einrichtungen. In ihnen sind diese Bedingungen zu suchen.

Es ist eine noch immer sehr weit verbreitete Meinung, daß Latein und Griechisch für alle Schüler, die sich den gelehrten Berufen zuwenden, eine ausgezeichnete Schule des logischen Denkens ist. Aber man sieht dabei immer nur auf das Bildungsmittel und nicht auf das Bildungsobjekt, man sieht immer nur auf das Werkzeug und nicht auf das Material. Reagiert das Material nicht auf das Werkzeug, so erklärt man sonderbarerweise nicht das Werkzeug für unbrauchbar, sondern das Material. Von den Generalpächtern der Logik wurde der Fundamentalsatz der Logik, der Satz vom zureichenden Grund, wonach mit der Folge zugleich der Grund aufgehoben ist, nicht beachtet. Wenn die Beschäftigungen mit fremden Sprachen ihre, wie ich vorhin gezeigt habe, höchst bedeutsamen Bildungswerte entfalten sollen, so ist es doch selbstverständlich, daß das Objekt der Erziehung hierfür geeignet sein muß, mit andern Worten, daß die entsprechenden Begabungen und Interessen vorhanden sein müssen.

Es ist mehr als sonderbar, daß man immer und immer wieder darauf aufmerksam machen muß, wie notwendig für den Unterrichtserfolg auch das in natürlichen Anlagen und Bedürfnissen wurzelnde Triebinteresse ist. Das hängt nicht zum geringsten Teile damit zusammen, daß man glaubt, man könne das echte, wirkliche Interesse für alte Sprachen im Knaben und Mädchen von 10 bis 14 Jahren durch geschickte Methoden rein äußerlich und künstlich leicht hervorrufen. Allein es gibt kaum ein Unterrichtsgebiet, das in dieser Hinsicht größere Schwierigkeiten bietet als die alten klassischen Sprachen, wenn nicht kraft einer sehr guten Gedächtnisbegabung gewisse Neigungen zum ersten Sprachstudium aus den ersten Erfolgen leicht herauswachsen. Denn der Schüler dieses Alters hat im allgemeinen keine Vorstellung vom wahren Zweck dieses Studiums, geschweige denn, daß er leicht von den wertvollen allgemeinen Zwecken dieses Studiums sich gefangen nehmen läßt. Hier liegen die Verhältnisse bei den modernen Sprachen, bei den Naturwissenschaften, ja selbst bei der Arithmetik und Geometrie günstiger. Nur was einem inneren Bedürfnisse — nicht bloß einem vorübergehendem Reize — entgegenkommt, was entweder selbst ein Zweck ist, nach dem es uns treibt, oder was als ein notwendiges Mittel zur Erreichung eines Zweckes erscheint, das kann dauerndes Interesse erwecken. Bei der normal begabten Jugend genügt häufig genug schon das bewußt gewordene Gefühl des geistigen Wachstums und Könnens. Dabei sollen natürlich dem Schüler keineswegs Arbeiten erspart werden, die ihm sehr unangenehm sind. Wenn sie nur innerhalb seiner Wert- und Interessensphäre liegen oder in sie gebracht werden können, werden wir sie ihm mit Erfolg zumuten. Selbstüberwindung ist ein ebenso wichtiges Erziehungsziel wie Arbeitsfreude.

Nun gibt es Knaben und Mädchen, die bereits im Alter von 10 bis 14 Jahren sprachliche Begabungen und Interessen haben, und zwar nur diese; für sie ist Latein und Griechisch oder Französisch ein durchaus geeignetes Werkzeug der logischen Schulung. Es gibt andere Knaben und Mädchen, die sowohl sprachlich als naturwissenschaftlich begabt wie interessiert sind. Für sie ist die Wahl des Werkzeuges gleichgültig. Es gibt aber eine dritte Gruppe von Knaben und Mädchen, die in dem fraglichen Alter gar keine sprachlichen Interessen haben, denen auch die notwendige Gedächtnisbegabung fehlt, die aber ausgesprochene Begabung und Neigung für naturwissenschaftliche Fragen haben. Ihre logische Schulung ist nur durch den naturwissenschaftlichen Unterricht möglich. Die Lebensgeschichten der großen Forscher bieten Beispiele für alle drei Erscheinungstypen, und die Erfahrungen, die wir selbst jederzeit an unsern höheren Schulen machen können, werden uns, wenn wir wollen, belehren, wie notwendig es ist, auf diese drei Begabungsformen Rücksicht zu nehmen. Die erste Grundbedingung für die Auslösung des Erziehungswertes der Naturwissenschaften ist daher ein für dieses Studium begabtes und interessiertes Schülermaterial.

Die zweite Grundbedingung bilden die Lehrer. Geist und Methode des Forschens kann nur gelehrt werden durch Lehrer, die selbst von diesem Geiste des Forschens beherrscht sind. Es ist vergeblich, von jenen Lehrern die geschilderten Wirkungen des Unterrichts zu erwarten, die nach Ablegung ihrer Staatsexamina kein weiteres Interesse an selbständigem Forschen mehr entwickeln. Ich kann mir keinen wirksamen Lehrer der Zoologie, Botanik und Mineralogie denken, der nicht mindestens bemüht wäre, Fauna, Flora und Bodenbeschaffenheit der Umgebung des Schulortes, an dem er lehrt, immer mehr und immer eingehender kennen zu lernen, oder da, wo Riesenstädte ein Hindernis sind, für sich selbst im kleinen seine naturwissenschaftlichen Steckenpferde zu reiten. Als ich vor bald 40 Jahren in der kleinen Stadt Schweinfurt am Gustav-Adolf-Gymnasium Biologie zu lehren hatte, verging fast kein Mittwoch oder Samstag, während des Frühjahres, Sommers oder Herbstes, an dem ich nicht allein oder mit Schülern oder mit andern Freunden meine botanischen und später faunistischen Streifzüge in die Umgebung von Schweinfurt machte. Und als ich später in München die gleiche Aufgabe übernehmen mußte und sowohl die großen Entfernungen als auch die Kultivierung und sonstige Abschließung des Bodens die alte Liebe unmöglich machten, da füllten sich alle meine Fenstergesimse immer mehr mit Algenkulturen. Ich hätte nicht existieren können, ohne eine bescheidene Forschertätigkeit im kleinen auszuüben. Schwieriger liegen die Verhältnisse beim Physiker und Chemiker. Doch bietet gerade hier die Vorbereitung der Demonstrationen und der Schülerübungen eine solche Fülle von Anregungen, daß es doch nur ein Mangel am Geist des Forschens sein kann, jenes Geistes, der uns rastlos treibt, immer und immer wieder selbst Fragen zu stellen, wenn aus diesen Anregungen keine Forschertätigkeit im kleinen entspringt, selbst wenn sie nur theoretischer Natur ist. Der Forschergeist ist nichts andres als die unstillbare Sehnsucht, immer mehr Ordnung und System in die Welt seiner eignen Vorstellungen zu bringen. Leider kann er nicht gelehrt werden; er muß aus den innersten Bedürfnissen des einzelnen entspringen und er entspringt, soferne irgendein Instinkt dafür in uns überhaupt vorhanden ist, am besten da, wo wir lange genug als Schüler unter dem Einflusse wirklicher Forscher gestanden haben. Dieser Hunger nach dem Verständnis der uns umgebenden Welt, diese Sehnsucht nach eigner innerer Klarheit ist als Lehrerqualität sogar höher einzuschätzen als das Wissen von Tatsachen, wie es auch ein höheres Ziel alles Unterrichts ist als das bloße Ausrüsten mit Kenntnissen. Der Geist des Forschens ist natürlich nicht die einzige Eigenschaft, die den Menschen zum Lehrer macht, aber ein Lehrer für Naturwissenschaft ist ohne diesen Geist für mich undenkbar.

Die dritte Grundbedingung liefern Einrichtungen und Methoden. So wie heute der naturwissenschaftliche Unterricht an unsern neunklassigen Schulen organisiert ist, erscheint es mir ausgeschlossen, daß er das Maximum seiner Erziehungswerte entfalten kann, etwa wie dies heute dem lateinischen und griechischen Unterricht an dem alten bayerischen humanistischen Gymnasium möglich ist. Ich sage ausdrücklich, am alten bayerischen Gymnasium; denn die neueren sogenannten Reformen lähmen langsam aber sicher die Bildungskraft der alten Schule. Nicht die Naturwissenschaftler sind die Feinde des humanistischen Gymnasiums — die Philologen selbst sind es. Für die Ausbildung im logischen Denkverfahren ist der naturwissenschaftliche Unterricht am humanistischen Gymnasium nicht unbedingt notwendig. Er kommt für diesen Zweck hier kaum in Betracht. Notwendig aber ist er am Realgymnasium, am notwendigsten an den Oberrealschulen. Dem ist auch an diesen Realanstalten einigermaßen Rechnung getragen; aber auch an diesen beiden Schulgattungen könnte und müßte er noch viel mehr zur erziehlichen Wirkung kommen.

Die Gründe für die mangelhafte Wirkung des naturwissenschaftlichen Unterrichts liegen klar auf der Hand. Man bedenke, welche Fülle von Zeit dem sprachlichen Unterricht an all diesen Schulen zugewiesen ist. Die Fülle von Zeit gestattet es z. B. dem humanistischen Gymnasium, die Einführung in die grammatikalischen Regeln für Latein und Griechisch im wesentlichen bis zum Ablauf der Untersekunda abzuschließen. In den letzten drei Jahren, ja teilweise schon in den beiden vorausgehenden, kann der Schüler beim Lesen der lateinischen und griechischen Klassiker im Übersetzen den Weg der Entdeckung gehen mit allen Folgen der Entdeckerbefriedigung. Es ist freie produktive Arbeit, die hier gefordert wird, mit all der unendlichen Mannigfaltigkeit der logischen Betätigung, die ich bereits geschildert habe und die nicht nur aus der begrifflichen Inkommensurabilität der Wortzeichen zweier Sprachen entspringt, sondern auch aus dem rein ästhetischen Vergnügen, nach endgültigem Abschluß aller Konklusionen den völlig zutreffenden künstlerischen Ausdruck für den übersetzten Gedanken gefunden zu haben.

Ganz anders liegen die Verhältnisse beim naturwissenschaftlichen Unterricht. Die ungeheure Mannigfaltigkeit der Welt der Erscheinungen, die im Laufe der menschlichen Kultur zu den elf Wissenschaften der Physik, Chemie, Zoologie, Botanik, Anatomie, Physiologie, Mineralogie, Geologie, Paläontologie, physikalischen Geographie und Astronomie geführt hat, soll dem Verständnisse des Schülers nähergebracht werden. An sich schon eine Überforderung, auch wenn man sich nur mit den Erkenntniswerten dieser Unterrichtsdisziplinen begnügen würde und jedem dieser Unterrichtsgegenstände, sobald er gemäß Abhängigkeit von den andern sinngemäß eingeführt werden könnte, wöchentlich zwei Stunden zugewiesen würden. Welch überwältigende Fülle von Gesetzen und Formen, auch wenn man eine sorgfältige Auswahl vornimmt! Nun soll vollends der Unterricht in diese Gesetze und Formbegriffe nicht dogmatisch, sondern durch Induktion einführen. Soll aber dieser Weg durch

Verbindung mit einem gewissenhaften Prüfungsverfahren eine logische Schulung geben, so muß das Material mannigfaltig, die experimentale Prüfung variabel und die Zeit sehr reichlich sein. Nach den Induktionen müssen die gerade für die logische Schulung höchst fruchtbaren Deduktionen einsetzen. Um sie auf dem Gebiete der Physik und Chemie mit Erfolg anzuwenden, müssen die wichtigsten Gesetze bereits vom Schüler ebenso beherrscht werden, wie die grammatikalischen Regeln beherrscht werden müssen, um die Übersetzung eines Klassikers mit Erfolg in Angriff nehmen zu können. Aber der wöchentliche zweistündige Unterricht in Physik und Chemie der nichtbayerischen Anstalten (die bayerischen Oberrealschulen haben für diesen Unterricht in den obern sechs Klassen je drei Stunden zur Verfügung) gestattet, wenn nicht auf „Vollständigkeit" gründlich verzichtet wird, höchstens, den Schüler in die Gesetze mit Hilfe von teilweise mangelhaften oder in ihrem Verfahren nach dem Hahnschen Muster in allen Einzelheiten vorgeschriebenen Induktionen einzuführen, die überdies noch durch zahlreiche Demonstrationen des Lehrers selbst ergänzt werden müssen. Dabei wird vielfach der biologische Unterricht nicht aufgebaut auf der Grundlage der Chemie und Physik, sondern geht ihnen nicht selten voran, ja schließt an den bayerischen humanistischen Gymnasien sogar ab, noch ehe der Schüler Kenntnis hat von den grundlegenden Gesetzen der anorganischen Materie. So türmen sich Schwierigkeiten über Schwierigkeiten auf, die nicht zuletzt durch den enzyklopädischen Charakter alles naturwissenschaftlichen Unterrichts, der leider gerade in den naturwissenschaftlichen Lehrern der höheren Schulen seine besten Stützen hat, geradezu unerträglich werden für den, der selbst von dem Geist eines echten Forschers beseelt ist. Viele unsrer Lehrbücher, fast alle unsre Aufgabensammlungen, fast alle unsre Handbücher für Schülerübungen und vor allem die Gestaltung aller unsrer Lehrpläne sind für mich nichts andres als das Eingeständnis: wir begnügen uns mit möglichst vielen Kenntnis- und Erkenntniswerten und verzichten auf die Erziehungswerte. Lasciate ogni speranza!

Ich weiß, es ist ein hartes Urteil angesichts der energischen und verdienstvollen Bestrebungen zur Förderung des naturwissenschaftlichen Unterrichts, auf die wir seit 30 Jahren in Deutschland zurückblicken. Aber je aufmerksamer ich diese Bestrebungen verfolge, desto klarer wird mir der Zwiespalt zwischen dem Gewollten und dem, was ausgeführt wird. Sobald es daran geht, die Theorie in die Praxis umzusetzen, sitzt der Moloch der „eigenen Disziplin" am Thron und frißt seine Kinder. Solange auf den Versammlungen der Lehrer der Naturwissenschaften jeder Lehrer einer einzelnen Disziplin „mindestens zwei Stunden" durch alle Klassen verlangt, solange keiner in seinem eigenen Unterrichtsgegenstand auf einen sogenannten „Überblick" verzichten will, bleiben alle Erörterungen nichts als Worte, und kein Lehrer hat ein Recht, sich über die Schulbehörden zu beklagen, die solchen Forderungen Gehör schenken, soweit sie können. In den Beiträgen zur Frage des naturwissenschaftlichen Unterrichts in den höheren Schulen klagt M. Verworn darüber, „daß die Schulbildung der Gymnasialabiturienten ganz überwiegend eine scholastische, philologische Bücherbildung ist", und erblickt darin den Schlüssel für alle Mängel, die man in der Vorbildung der jungen Mediziner beobachten kann. In seinem Buche „Der naturwissenschaftliche Unterricht" (Leipzig, B. G. Teubner) setzt Bastian Schmid dem Kapitel über den „Formalen Bildungswert der Naturwissenschaften" das Motto von Helmholtz voraus, das ich im vorausgehenden Kapitel V wiedergegeben habe (S. 167).

Ich habe keinen Grund, an den Beobachtungen dieser beiden Forscher zu zweifeln, wennschon ich weiß, daß gerade Helmholtz sehr gerne vor allem Schüler der englischen Great Public Schools in sein Laboratorium aufnahm, die zu seiner Zeit noch ganz im Fahrwasser der alten „Grammar Schools" mit intensivem Betrieb von Latein und Griechisch segelten. Aber würde sich an diesen Beobachtungen etwas ändern, wenn die höheren Schulen mit der Geschwindigkeit eines Expreßzuges durch alle Reiche der Naturwissenschaften eilen, wenn sie nicht den Schüler zwingen, wie ein Fußwanderer Schritt um Schritt vorwärts zu dringen, mit Wind und Wetter und allen Beschwerden einer Fußreise tapfer zu kämpfen? Besteht nicht die Gefahr, daß dann auch die Bildungswerte des humanistischen Gymnasiums zerstört werden, wenn auf Kosten seines geschlossenen Unterrichts die Naturwissenschaften mit der Fülle ihres Stoffes sich breit machen? Haben die heutigen realistischen Lehranstalten das Urteil der Universitätslehrer tatsächlich bereits zu ihren Gunsten umgebogen, oder hören wir nicht noch eindringlichere Klagen über die Mehrzahl ihrer Absolventen?

Als ich im Jahre 1890 auf Wunsch meines Anstaltsvorstandes den von ihm allein in Bayern eingeführten biologischen Unterricht an den fünf untern Klassen des Gustav-Adolf-Gymnasiums übernahm, war ich in der glücklichen Lage, meinen Lehrplan selbst machen zu dürfen. Es war mir ganz unmöglich, ja es ging ganz und gar gegen mein instinktives Empfinden, eines der damals und heute geläufigen Muster zu adoptieren. Und als ein Jahr später für die bayerischen Gymnasien ganz allgemein naturgeschichtlicher Unterricht für die fünf untern Klassen mit wöchentlich „einer" Stunde vorgeschrieben wurde, hätte ich lieber den Unterricht wieder aufgegeben, als nach dem vorgeschriebenen Lehrplan, der ganz enzyklopädisch abgefaßt war, zu unterrichten. Ob das mein Vorstand, der ein klassischer Philologe war, bemerkte oder nicht bemerkte, weiß ich nicht. Ich habe im Jahresprogramm klipp und klar meinen Lehrplan abgedruckt; eine Korrektur erhielt ich nicht. Damals handelte ich nach dem Grundsatz: Wer eine Klasse, ja nur eine Ordnung oder eine Familie von Lebewesen gründlich studiert, der gewinnt nicht nur die Kraft, sondern auch die Lust, andre Klassen, Ordnungen, Familien aus eigener Initiative zu studieren. Natürlich machte ich meine Schüler auch auf Individuen anderer Klassen, Ordnungen, Familien aufmerksam; ich mußte sie schon zum Vergleich heranziehen. Aber Gegenstand gemeinsamer eingehender Beschäftigung waren sie nicht. Und meine Schülerassistenten hatten vollauf zu tun, um mich im Laufe des Schuljahres in der unterrichtlichen Behandlung zweier Familien, beispielsweise der Rosazeen und Liliazeen, zu unterstützen, wobei jeder Assistent (Offizier, wie ich ihn nannte) wieder mit einer Gruppe von Schülern besondere Unterfamilien zugewiesen erhielt, die er und seine Helfer (Soldaten) zu beobachten und in entsprechenden Exemplaren zum Unterricht mitzubringen hatten.

Wollen wir aus der Not des naturwissenschaftlichen Unterrichts herauskommen und aus der Selbsttäuschung, in der wir leben, so hilft uns nichts, als von diesem Fundamentalgrundsatz keinen Finger breit zu weichen. Nur eine radikale Abkehr von dem Enzyklopädismus, der unsern Unterricht heute beherrscht, von der Seuche des Überblicks, an den alle Schulen kranken, kann den naturwissenschaftlichen Unterricht zu einem wertvollen Erziehungsfaktor machen, zu einem ebenso wertvollen wie die Beschäftigung mit lateinischer und griechischer Sprache. Das gilt nicht nur für das humanistische Gymnasium, das, schon um die Einheitlichkeit und Geschlossenheit seines Bildungsapparates nicht zu vernichten, dem naturwissenschaftlichen Unterricht nur eine beschränkte Unterrichtszeit von durchgehends zwei bis drei Stunden zuwenden kann, aber auch zuwenden muß; das gilt genau ebenso für die gegenwärtigen realistischen Anstalten, das Realgymnasium und die Oberrealschule, ja das gilt sogar für ein mathematisch-naturwissenschaftliches Gymnasium, wie ich es mir denke, wo die Grundpfeiler ausschließlich Mathematik und Naturwissenschaften sind. Denn gerade in diesen drei realistischen Anstalten müssen wir den naturwissenschaftlichen Unterricht genau ebenso organisieren wie in den humanistischen den sprachlich-historischen Unterricht, nämlich so, daß spätestens in den zwei obersten Klassen dieser neunklassigen Schulen die gleiche freie Betätigung im produktiven Arbeiten, im Forschen und Finden und Gestalten des Gefundenen eintreten kann wie im sprachlich-historischen Unterricht, daß keine neuen Gebiete mehr an die Schüler herangebracht werden mit neuen Gesetzen und Begriffen sondern daß die Zeit ausgenützt wird, mit den in den vorausgegangenen Klassen erworbenen Begriffen die Schüler zu selbständigem Arbeiten zu führen. Dabei darf, ja muß dieses selbständige Arbeiten anstrengend sein. Ohne Schweiß kein Preis; ohne beständige Übung in der Lösung von Denkschwierigkeiten keine logische Schulung. Unsere höheren Schulen dürfen dem Schüler nicht ersparen, daß er „viel" arbeitet. Aber sie sollen ihn davor behüten, daß er „vielerlei" treiben muß. Das Vielerlei ist nicht bloß die Quelle der Oberflächlichkeit, sondern auch der Überbürdung.

Ich konnte meinen Unterricht leider nur drei Jahre lang durchführen, da ich dann nach München an das Ludwigsgymnasium berufen wurde. Aber ich hatte durch meine unerhörte Beschränkung und die dadurch mögliche Vertiefung meines Unterrichtsstoffes die seltene Freude erlebt, daß das natürliche Interesse der Schüler an den biologischen Wissenschaften nicht, wie das heute nur zu oft konstatiert wird, mit den aufsteigenden Klassen in geradezu peinlicher Weise abnahm, sondern daß sich bereits in der Obertertia mehr und mehr Gruppen von Schülern gebildet haben, teils bekannte Familien weiter zu durchforschen, teils neue in Angriff zu nehmen.

Und ich erinnere mich noch der Untersekunda, in welcher ein Drittel der Klasse von 32 Schülern sich freiwillig ein ganzes Semester lang damit beschäftigte, Metalloxyde mit Hilfe des Lötrohres zu zerlegen. Worauf es mir einzig ankam, das war, den Geist des Forschens in die Schüler zu tragen; alles andre war mir gleichgültig und jeder Nase war ich in stiller Ergebenheit gewärtig. Hätte ich den Unterricht bis zur Oberklasse des Gymnasiums durchführen können, ich bin überzeugt, meine Schüler wären nicht mit dem Gefühl an die Hochschule übergetreten, das heute unsre Absolventen der realistischen Schulen so vielfach beherrscht, und dem die von den Hochschullehrern so vielfach beklagte Teilnahmslosigkeit an den Einführungsvorlesungen in die Naturwissenschaften zuzuschreiben ist, mit dem blasierten Gefühl nämlich, „bereits alles zu wissen", sondern mit dem unstillbaren Hunger, nun auch andre Teilgebiete des Bereiches, für das sich der einzelne während des Gymnasialunterrichts zu interessieren begonnen hat, mit der gleichen Liebe und der gleichen Sorgfalt durchzuarbeiten, wie er gewöhnt wurde, das eine Teilgebiet beherrschen zu lernen.

Das beste Mittel wäre freilich, wenn wir Ernst machen würden mit der Schaffung eines wirklich mathematisch-naturwissenschaftlichen Gymnasiums, wobei den fremden Sprachen, womöglich nur einer einzigen, eine ebenso akzessorische Rolle zukäme wie heute den Naturwissenschaften am humanistischen Gymnasium. Es wäre die Schule, die der zweiten großen Begabungsgruppe unsrer Schüler entspräche. Es wäre die Schule, deren naturwissenschaftlicher Unterricht dank der hinreichenden Zeit, die ihm dort zur Verfügung gestellt werden kann, in ausgiebiger Weise ganz auf Laboratoriumsbetrieb gegründet ist, und die, weit ab von aller heute so beliebten Enzyklopädie unter ausgiebiger Berücksichtigung der speziellen Neigungen der Schüler für je eines der fünf großen Wissensgebiete, unter eingehender Behandlung der Geschichte der Naturwissenschaften, unter Einführung in das Leben und die Arbeit und Schicksale der großen Forscher nicht bloß das Auge öffnet für das Verständnis der organischen und anorganischen Welt, für ihre Gesetzmäßigkeit und Ordnung, für die Bedeutung der wissenschaftlichen Arbeit und für die Grenzen unsrer Erkenntnis, sondern auch jene Ehrfurcht, jene Wahrheitsliebe, jenes Verantwortlichkeitsgefühl erzeugt, welche die besten Grundlagen aller weiteren geistigen Arbeit sind.

Wie der Lehrplan einer solchen Schule aussehen kann, oder richtiger, wie er ungeführ aussehen muß, davon läßt sich unschwer ein klares Bild gewinnen. Was zunächst die Fächer der sprachlich-historischen Gruppe betrifft, die nach den Untersuchungen des Kapitels VI für keine höhere Schule ganz entbehrlich ist, so werden sie auf jenes Minimum beschränkt, das noch einen vollen Bildungswert gewährleisten kann. Gleichwohl muß ihnen am naturwissenschaftlichen Gymnasium ein größerer Betrag an Unterrichtszeit eingeräumt werden als den mathematisch-naturwissenschaftftlichen Fächern am humanistischen Gymnasium, da eben der gründliche Betrieb auch nur einer einzigen fremden Sprache ohne eine durchschnittliche wöchentlich vierstündige Unterrichtszeit nicht denkbar ist, wobei außerdem die ersten Jahre, denen die rasche Einführung zugewiesen werden muß, erfahrungsgemäß mit wenigstens sechs Stunden pro Woche arbeiten müssen. Dafür kann in den ersten zwei Jahren für zehn- bis elfjährige Schüler der Geschichtsunterricht ausfallen, weil sie für eine pragmatische Behandlung dieses Wissensgebietes nicht reif sind, bloße Geschichten aber auch der deutsche Unterricht übernehmen kann. Im Durchschnitt wird aber Deutsch und Geschichte nicht ohne ein Minimum von wöchentlich 5 Stunden zu befriedigenden Ergebnissen kommen. Da außerdem Religion mit 2 Stunden und Turnen mit 3 Stunden wöchentlich angesetzt werden muß, so kommen von vornherein durchschnittlich wöchentlich 14 Stunden vom gesamten Stundenausmaß für den mathematisch-naturwissenschaftlichen Unterricht in Wegfall.

Will man nun den Stundenplan im Interesse der Gesundheit der Schüler und im Interesse des Fundamentalsatzes aller Schulorganisation gestalten, wonach jeder Schüler noch Zeit und Kraft haben soll, sich auch außerhalb der Schulaufgaben mit ernsten Dingen zu beschäftigen, die ganz auf seine persönlichen Neigungen gestellt sind, so wird man über 28 Stunden obligatorischen Unterricht in der Woche nicht hinausgehen dürfen. Dann bleiben also für den mathematisch-naturwissenschaftlichen Unterricht noch wöchentlich 14 Stunden zur Verfügung. Die Mathematik wird im allgemeinen in den unteren Klassen, wo sie noch ganz im Fahrwasser des gewöhnlichen Rechenunterrichts sich bewegt, nach alten und langen Erfahrungen am humanistischen Gymnasium mit wöchentlich drei, in den Mittel- und Oberklassen mit wöchentlich vier Stunden das Normalmaß von Anforderungen, das wir stellen dürfen, bewältigen können. Der Zeichenunterricht, der in den zwei Oberklassen die darstellende Geometrie übernimmt, kann mit wöchentlich zwei Stunden durch alle Klassen die Aufgaben lösen, die ihm als Schulungsmittel für die Beobachtung formaler Zusammenhänge und für die Ausbildung der räumlichen Anschauung zugewiesen werden müssen.

Die Schwierigkeit ist: Wie sind nun die sechs Hauptfächer der Naturwissenschaften, Zoologie, Botanik, Physiologie einerseits, Physik, Chemie, Mineralogie anderseits, sowie die Geographie, die zu ihrem Abschluß zoologischer, botanischer, mineralogischer, chemischer und physikalischer Begriffe bedarf, auf die einzelnen Jahre zu verteilen und anzuordnen?

Der erste Fundamentalsatz der Lehrplantheorie verlangt Konzentration. Eines recht tun gibt mehr Bildung als Halbheit im Hundertfältigen. Wir werden also mit einem Unterrichtsfach beginnen, natürlich mit dem, welches der Reife der zehn- bis elf-jährigen Schüler am ehesten zugänglich ist und vom Beginn schon nicht bloß Belehrungen, sondern auch Übungen, richtige Schülerübungen zuläßt. Am besten wäre auf der Einführungsstufe eine Gliederung nach einzelnen naturwissenschaftlichen Fächern überhaupt zu vermeiden. Man würde hier viel zweckmäßiger aus dem Gesamtgebiete der Naturwissenschaften in das Verständnis der Erscheinungen in ihrem gegenseitigen Zusammenhange einzuführen suchen, jener Erscheinungen nämlich, welche leicht den sinnlichen Wahrnehmungen zugänglich und mit Hilfe einfacher Ordnungselemente und Begriffe darstellbar sind. Dies weiter auszuführen, würde mich nötigen, einen für die Unterstufe vollständig ausgearbeiteten Lehrplan hier darzubieten. Da ein solcher natürlich sehr verschiedenartig gestaltet sein könnte, so würde er eine breite Diskussion notwendig machen. Auf eine solche muß ich aber hier verzichten. Schließt man sich dem gegenwärtigen Brauche, sofort die Naturwissenschaften zu gliedern, an, so läßt eine gewissenhafte Überlegung keine andre Wahl als Botanik als einführendes Fach zu verwenden und ihm vier Unterrichtsstunden Demonstration, Übung und Pflanzenkultur zuzuweisen. Primitive Kenntnisse von Sauerstoff, Stickstoff, Kohlensäure, Oxydation, Reduktion, Osmose, Atmung usw. sind natürlich dabei unentbehrlich und zwingen auch so, Unterrichtsstoffe aus andern Gebieten herüberzunehmen. Aber diese Kenntnisse sind so elementarer Art, daß unsre Münchener Volksschulen sie längst in den ersten botanischen Unterricht eingeführt haben. Von einer eigentlichen Chemie kann man dabei nicht reden. Derartige kleine Vorwegnahmen muß jeder brauchbare Lehrplan auch an andern Stellen sich erlauben Das bereits im Anfangsunterricht notwendige Mikroskop bedarf zu seiner ersten Handhabung keiner physikalischen Kenntnisse. Da eine halbwegs vollständige Systematik gänzlich ausgeschlossen ist, da es uns vor allem auf die Einführung in das Gesetzmäßige des organischen Lebens ankommt, so würde ich den Unterricht mit dem Studium einfacher Süßwasseralgen beginnen, die für jede Schule in Massen und mit den geringsten Ausgaben beschafft und erhalten werden können. An ihnen würde ich alle elementaren biologischen Begriffe entwickeln. Aber man kann auch ebenso gut mit einer phanerogamen Pflanzenfamilie, etwa mit dem Studium des Keimlings von Phaseolus, den Anfang machen. Die Hauptsache bleibt: allergrößte Beschränkung des ungeheuren Stoffes.

Im dritten Jahre tritt an Stelle der Botanik die Zoologie, also wieder nur ein einziger naturwissenschaftlicher Lehrgegenstand, mit dem gleichen Stundenausmaß. Im vierten Schuljahre sind die Schüler reif zum Beginn der Physik, als der grundlegenden Naturwissenschaft, die den einfachsten Stoff durch die exaktesten Methoden zu untersuchen lehrt. Mit dem fünften Schuljahr setzt die Chemie ein, die sich von selbst mit der Mineralogie verbindet. In dem siebenten Schuljahr kann dann auch die Geographie ihren Unterricht unter Aufnahme der geologischen Betrachtungen abschließen, ebenso wie Physik, Chemie die Einführung in die wichtigsten Gesetze und Formen beendigen.

Denn der Unterricht der beiden letzten Jahre muß der *Anwendung der erworbenen Kenntnisse und Fähigkeiten* auf kleinere und größere Aufgaben, die nun der Schüler selbständig in Angriff nimmt, vorbehalten bleiben. Nur in der Biologie (Physiologie) bringt die achte Klasse noch einige neue Begriffe, zu deren Bildung eingehendere Kenntnisse in Physik und Chemie nötig sind. Aber auch in diesem Gebiete, das die

Zusammenfassung und Krönung des gesamten biologischen Unterrichts bedeutet, bleibt das neunte Jahr ausschließlich selbständigen Übungen vorbehalten. Gleichzeitig hat der theoretische Unterricht in die Entwicklungsgeschichte der nunmehr im wesentlichen bekannten naturwissenschaftlichen Gesetze und Begriffe und damit in die philosophische Propädeutik einzuführen, während das Leben der großen Forscher, ihr Schaffen und Leiden dem Geschichtsunterricht der beiden obern Klassen zugewiesen wird. Auch der fremdsprachliche Unterricht kann klassische naturwissenschaftliche Abhandlungen alter und neuer Schriftsteller der betreffenden Sprache zum Gegenstand seiner Lektüre machen. In den ersten sieben Klassen ist etwa die Hälfte der vorgesehenen Unterrichtszeit, in den beiden Oberklassen zwei Drittel den Übungen zuzuweisen.

Zur Vorbereitung für die Schülerübungen in Physik und Chemie dienen die in den ersten drei Schuljahren neben Botanik bzw. Zoologie einhergehenden wöchentlich zweistündigen Werkstattübungen, die zugleich dem allgemein verbreiteten Tätigkeitstrieb der Schüler im Alter von 10 bis 13 Jahren entgegenkommen und neben der praktischen Einführung in einfache Holz-, Metall-

und Glasbearbeitungstechniken auch der Erziehung zu sorgfältiger, exakter Arbeit dienen.

Dem gesamten Unterricht gliedere ich vom dritten Schuljahre ab einen zwei- bis dreistündigen Beschäftigungsnachmittag an, an dem sich zu beteiligen die Schüler zwar verpflichtet sind, für den der einzelne aber nach seiner Neigung eine Beschäftigung wählen kann, sei es in einem laufenden oder für einige Jahre aussetzenden Unterrichtsfache zur Erweiterung und Fortsetzung seiner Studien, sei es aus irgendeinem an der Schule fakultativ eingerichteten Lehrgegenstand (etwa einer zweiten fremden Sprache). Ich halte eine derartige Einrichtung für völlig unentbehrlich. Die Schule ist immer am erfolgreichsten, wenn sie den natürlichen, auf persönlicher Anlage beruhenden Interessen des Schülers entgegenkommt. Kein Lehrplangefüge mit durchaus vorgeschriebenen und in allen Einzelheiten festumrissenen Stoffgebieten vermag das im allgemeinen. Ich würde daher auch in den zwei Oberklassen keinen Schüler verpflichten, sowohl in Physik als in Chemie als in Biologie größere selbständige zusammenhängende Aufgaben zu lösen. Ich gäbe ihm in der achten Klasse die Wahl frei zwischen Physik und Chemie, in der neunten

Klasse zwischen allen dreien. Aber es ist auch sehr wohl denkbar, daß sich die Neigung des Schülers nach der ausschließlich theoretischen Seite entwickelt, sei es nach der sprachlichen, historischen oder philosophischen Seite, und hier kann der Beschäftigungsnachmittag den echten Interessen des Schülers und damit den echten Interessen der Schule selbst, als einer ernsten Erziehungsanstalt, einigermaßen Rechnung tragen.

So ergibt sich, daß, sobald man die Grundsätze einer Lehrplantheorie, welche das Erziehungsproblem nicht aus dem Auge verliert, fest ins Auge faßt, die Willkür der Lehrplanschneider gründlich beschnitten wird. Zwangsmäßig, fast wie die Lösung einer diophantischen Gleichung, die wohl mehrere, aber keineswegs sehr viele Lösungen zuläßt, stellen sich Stundenverteilung und Reihenfolge der Unterrichtsfächer ein. Kleine Variationen sind noch möglich, aber wesentliche Änderungen sind ausgeschlossen. So wüßte ich auch für die humanistischen Gymnasien keinen wesentlich besseren Verteilungsplan aufzustellen als jenen, den das bayerische humanistische Gymnasium bisher besaß, mit der einzigen Ausnahme, daß der naturwissenschaftliche Unterricht durch alle Klassen mit mindestens zwei Stunden durchzuführen ist, was nur ganz geringe Änderungen notwendig macht. Leider scheinen die Altphilologen nicht mehr Energie genug zu besitzen, dem Andrängen der Vertreter andrer Wissensfächer Widerstand zu leisten. Das wird den sichern Untergang dieser für sprachlich-historische Begabung ganz vorzüglichen Schule bedeuten.

LEHRPLAN FÜR EIN MATHEMATISCH-NATURWISSENSCHAFTLICHES GYMNASIUM

Klasse	Rechnen und Mathematik	Zoologie, Botanik, Mineralogie mit Chemie, Biologie (Physiol.)	Physik und Chemie	Geographie und Geologie	Werkstattübungen	Zeichnen und darstellende Geometrie	Deutsch	Obligator. fremde Sprache	Geschichte	Religion	Turnen	Beschäftigungsnachmittag	Pflichtunterricht	Gesamtschulzeit
1	3	4 B.	—	2	2	2	3	6	—	2	3	—	27	(27)
2	3	4 B.	—	2	2	2	3	6	—	2	3	—	27	(27)
5	3	4 Z.	—	2	2	2	3	5	2	2	3	2	28	(30)
4	3	2 Z.	4 Ph.	2	—	2	3	5	2	2	3	2	28	(30)
5	4	3 M.Ch.	3 Ph.	2	—	2	3	4	2	2	3	3	28	(31)
6	4	3 M.Ch.	3 Ph.	2	—	2	3	4	2	2	3	3	28	(31)
7	4	3 M.Ch.	3 Ph.	2	—	2	3	4	2	2	3	3	28	(31)
8	4	2 Bi.	6 Ph.	—	—	2	3	4	2	2	3	3	28	(31)
9	4	2 Bi.	6 u. Ch.	—	—	2	3	4	2	2	3	3	28	(31)
Sa	32	27	25	14	6	18	27	42	14	18	27	19	250	(269)
		122					101				46			

Man sieht, daß dem ausschließlichen naturwissenschaftlichen Unterricht, abgesehen von einigen wenigen Stunden Geologie, die ich mir mit dem Geographieunterricht in der siebenten Klasse nach Abschluß von Mineralogie und Chemie verbunden denke, nur 52 Stunden zur Verfügung gestellt werden können, während ihm an preußischen Oberrealschulen heute (1927) 35 zugewiesen sind, an preußischen Realgymnasien 25, an bayerischen Realgymnasien nur 24, an den bayerischen humanistischen Gymnasien sogar nur 16. Nur an den bayerischen Oberrealschulen stehen dem naturwissenschaftlichen Unterricht 44 Stunden zur Verfügung. Trotzdem würde ich in gar keiner Weise billigen, daß auch nur der Lehrstoff des bayerischen Realgymnasiums diesem mathematisch-naturwissenschaftlichen Gymnasium aufgebürdet würde, obwohl dessen Unterrichtszeit für Naturwissenschaften fast dreimal so groß ist. Ein gutes Beispiel für die Stoffmenge und Stoffanordnung bei dem Zeitausmaß, das der vorstehende Lehrplan des mathematisch-naturwissenschaftlichen Gymnasiums dem Physikunterrichte zuweist, gibt der in Bayern eingeführte Fischersche Lehrplan der Physik für Oberrealschulen, der im Anhange abgedruckt und in der bayerischen Zeitschrift für Realschulwesen, 15. Bd. 1907, S. 161—177 von K. T. Fischer mit kurzen Erläuterungen zuerst veröffentlicht worden ist. Denn der gegenwärtige Betrieb ist weit entfernt von dem, was ich nach meiner Auffassung von Gründlichkeit für möglich halte, was man nach meiner persönlichen Erfahrung im biologischen, physikalischen und chemischen Unterricht die Schüler in selbständiger Arbeit so erfassen lassen kann, daß sie in den Oberklassen mit Interesse und Verständnis in eigenen ungegängelten Untersuchungen den Bildungswert der Naturwissenschaften ausschöpfen können.

Das stärkste Bedenken gegen den Vorschlag wird vielleicht die Beschränkung auf eine einzige fremde Sprache hervorrufen, obwohl ich diese mit einem Stundenausmaß eingesetzt habe, daß ebensowohl eine alte als eine moderne Sprache dabei befriedigend getrieben werden kann. Wir sind so sehr an den Unfug des Betriebes von mindestens drei fremden Sprachen gewöhnt, daß es bis jetzt nur der Oberrealschule mit Mühe gelungen ist, mit zwei fremden Sprachen ihr sogenanntes Ansehen zu bewahren und die Gleichberechtigung mit den dreisprachlichen Anstalten zu erhalten. Ich halte es aber geradezu für eine Versündigung am Erziehungswerk, auch denjenigen Schulen mehr als eine fremde Sprache aufzunötigen, die nicht wie das humanistische Gymnasium sich an die spezielle Begabung für sprachlich-historische Studien wenden. Dabei hat das humanistische Gymnasium noch den ungeheuren Vorteil, daß die griechisch-römische Kultur eine ziemlich einheitliche ist, während demgegenüber die Kultur der Romanen und Angelsachsen sehr verschieden ist und daher auch verschiedene Einstellung des Lernenden erheischt, ganz abgesehen davon, daß auch keine der heutigen Schulen mit zwei modernen Sprachen das letzte Ziel alles Sprachunterrichts zu erreichen vermag, nämlich in den Geist der Kultur der beiden fremdsprachlichen Völker gründlich einzuführen. Indem sie zweien Hasen nachlaufen, erreichen sie keinen. Das ist der alte, ewige Fluch der Polyglottie.

Ich sehe die Auguren lächeln. Man muß doch mindestens englisch oder französisch sprechen! Warum? Ein halbwegs gereister Kellner oder Ladenjüngling kann sogar drei fremde Sprachen sprechen. Qui si parla italiano! On parle francais! English spoken! In jeder großen Stadt kann man diese drei Ausrufe an Ladengeschäften finden.

Aber unsre neunklassigen Schulen haben weder die Aufgabe, Kellner, noch die Aufgabe, Ladenjünglinge heranzubilden. Ein Humanist unsrer Zeit spricht im allgemeinen überhaupt keine fremde Sprache, Griechisch und Lateinisch nicht, weil sie tote Sprachen sind, Französisch nicht, weil diese Sprache nicht daraufhin gelehrt wird. Unsere Schulen wollen Menschen erziehen mit kühlen, klaren, logischen Fähigkeiten und tiefem warmherzigem Verständnis für die Aufgaben, die sie einst als Staatsbürger zu erfüllen haben. Dazu reicht eine fremde Sprache vollständig aus, namentlich wenn ein sorgfältig organisierter mathematisch-naturwissenschaftlicher Unterricht durch die ihm zugewiesene unbedingt nötige Unterrichtszeit imstande ist, die gleiche geistige Zucht zu übernehmen wie irgendeine fremde Sprache. Auch hört das Lernen mit dem Absolutorium der neunklassigen Schule noch nicht auf, sofern die Schule dem Schüler nicht durch Überfütterung die Lust zum Lernen verdorben hat. Ich habe noch einige moderne Sprachen gelernt, nachdem ich schon lange graue Haare hatte, aber erst dann, als es meine Arbeiten, Studien und Reisen nötig machten.

Wer hat nun den Mut und die Mittel, so weit

vom Zwang des Herkömmlichen zu lassen, daß dieses naturwissenschaftliche Gymnasium zur Wirklichkeit wird? Wer hat den Mut, auch nur den Versuch zu machen mit einer einzigen Anstalt dieser Art? Wer hat auch nur den Mut, in den bereits bestehenden Schulen mit dem enzyklopädischem Betrieb in jedem einzelnen der fünf grundlegenden naturwissenschaftlichen Unterrichtsfächer zu brechen, einzelne wenige Teilgebiete jedes dieser Fächer so gründlich und eingehend als möglich zu behandeln, im übrigen aber andre Teilgebiete höchstens zum Ausblick und nicht zum Überblick kursorisch den Schülern vorzuführen? Hier können wir schon morgen beginnen, dem Unterricht seine erzieherische Fruchtbarkeit zu geben. Wenn dann vollends die Prüfungsaufgaben bei den Absolutorien nicht mehr darnach fragen, was der Schüler weiß, sondern darnach, was der Schüler kann, so bin ich der festen Überzeugung, daß wir bereits in einem Jahrzehnt sehr viel mehr vom Erziehungswerte der Naturwissenschaften spüren werden, als wir ihn heute empfinden. Mich wundert es nicht, wenn im Gegensatz zu Helmholtz und Verworn eine nicht unbeträchtliche Zahl von Lehrern der Naturwissenschaften an unsern Hochschulen da und dort den Humanisten ein besseres Zeugnis ausstellt als den Schülern der Oberrealschulen und der Realgymnasien. Das Bild wird sich erst dann wesentlich ändern, sobald die beiden andern Schulen die gleich gesunde Organisation aufweisen werden, wie das alte nach den Grundsätzen von Thiersch organisierte humanistische Gymnasium, dem sie heute mit ihrem sehr ausgedehnten Sprachbetrieb nur allzu ähnlich sind, ohne dessen weise Mäßigung in der Lehrstoffülle und dessen Geschlossenheit und Einheit des Unterrichtsgebietes auch nur annähernd zu erreichen.

Noch wird die Kunst des Lernens, die Mutter aller Künste, allzusehr als die Kunst des Aufspeicherns im Gedächtnis angesehen. Die Kunst des Lernens ist aber nichts andres als die Einführung in die Kunst des Denkens. Um des Denkens willen lernen und lehren wir. Nur der hat eine hohe geistige Erziehung genossen, der in der Kunst des Denkens Meister ist, der in logischer Freiheit lebt. Wir wissen, daß diese logische Freiheit, bei der Gebundenheit alles Denkens durch Eitelkeit, Ehrgeiz, Selbstsucht, Leidenschaft, Liebe Haß, Furcht, Hoffnung, öffentliche Meinung und überlieferte Lehren, noch sehr viel andre Erziehungseinrichtungen notwendig macht als bloße logische Übung an Sprachen oder Naturwissenschaften. Aber diese Übungen lehren uns wenigstens die Kunst des Lernens, und wir werden mit dieser Kunst uns rascher in die Gewalt bekommen als ohne sie. Wenn die volle logische Freiheit auch unerreichbar ist, wie die volle sittliche Freiheit, so kann doch alle vornehme Erziehung in der Richtung zu ihr wandern. Daß der naturwissenschaftliche Unterricht hierbei die Führung ebensogut übernehmen kann wie die fremden Sprachen, falls alle Bedingungen für die Entfaltung seiner Erziehungskräfte erfüllt sind und die Veranlagungen der Schüler in seiner Richtung liegen, das dürfte die vorausgehende Untersuchung nachgewiesen haben.

ANHANG

I. LEHRPLAN DER PHYSIK FÜR DIE BAYERISCHEN OBERREALSCHULEN
(IM WESENTLICHEN HEUTE NOCH [1928] GÜLTIG)

II. LEHRPLAN DER PHYSIK FÜR DIE OBEREN KLASSEN DER MÜNCHENER VOLKSSCHULEN
(GÜLTIG IN DER ZEIT VON 1899 BIS 1926)

I.

Der nachstehende Entwurf eines Lehrplanes der Physik für die Oberrealschulen wurde zum erstenmal abgedruckt in der Abhandlung: „Die physikalischen Schülerübungen im Entwurf eines Lehrplans für Oberrealschulen" von Karl Tobias Fischer, Bayerische Zeitschrift für Realschulwesen, Band 15, Heft 3, S. 161 bis 177, München 1907. Er ist gedacht in Verbindung mit obligatorischen Schülerübungen, die organisch an den Demonstrations- und Vortragsunterricht angegliedert sind. Was die Stoffansammlung und Stoffauswahl betrifft, so scheint mir der Entwurf den in der Abhandlung gestellten Forderungen von allen mir bekannten Lehrplänen für Oberrealschulen am nächsten zu kommen. Der Umfang ist zugunsten der Vertiefung und der Möglichkeit innerlicher Verarbeitung nicht unbeträchtlich eingeschränkt. Der methodische Aufbau schreitet in streng logischem Gedankengang vorwärts bis zum Hauptresultat des physikalischen Unterrichts, dem Energiesatze.

Das letzte Schuljahr hätte ich von neuem Stoffe frei gehalten. Die Schülerübungen sind in den einen Aufgabengruppen als Ausgangspunkte gedacht, in andern Aufgabengruppen als Anwendungen. Alle Gebiete, mit denen Schülerübungen für den einen oder andern Zweck dem Autor des Entwurfs angezeigt erschienen, sind mit einem Sternchen * gekennzeichnet.

IV. Klasse (3 Stunden).

1. Beobachtungstatsachen und Ordnungselemente der Wärmelehre: Der Siedepunkt des Thermometers.* — Verdampfen und Kondensieren von Wasser.* — Ausdehnung der Körper durch die Wärme (feste Körper, Flüssigkeiten, Gase).* Der Schmelzpunkt.* Der Eispunkt des Thermometers.* — Spezifische Wärme.* Verbrennungswärme. Flamme.* Flammengase.

2. Elemente der Mechanik der Ruhe (Kraft- und Arbeitsbegriff): Messung von Längen, Flächen und Körperinhalten.* — Die Federwage zur Einführung des Kraftbegriffes.* Das spezifische Gewicht.* Parallelogramm der Kräfte.* Schiefe Ebene. Keil. Stabiles, labiles und indifferentes Gleichgewicht. — Der Hebel.*

Die Wage. Die feste und bewegliche Rolle.* Drehmoment. Arbeitsbegriff. Goldene Regel der Mechanik.

3. Elemente der Zeitmessung: Das Fadenpendel, Einfluß der Amplitude, Länge und des Materials.*

4. Kräftegleichgewicht in Flüssigkeiten und Gasen. Elastizität: Die Druckfortpflanzung in Flüssigkeiten und Gasen. Der Druckbegriff. Bodendruck. Kommunizierende Röhren.* Kapillarität.* — Das Barometer. Die Wetterkarte (graphische Darstellung). Luftfeuchtigkeit. Mariottesches Gesetz.* Luftpumpe. Elastizität fester Körper. Torsionskraft.

5. Entstehung des Schalles: Saite. Lochsirene. Tonhöhe.

V. Klasse (3 Stunden).

1. Elektrostatik: Reibungselektrizität, Elektrisiermaschine. Das Coulombsche Gesetz. Das Odstrilcsche Pendel. Das Elektroskop.* Elektrische Spannung. Potential. Influenz. Elektrophor.*

2. Magnetismus: Kompaß. Coulombsches Gesetz. Magnetische Wage.* Kraftlinien. Erdfeld.*

3. Galvanismus: Galvanisches Element. Strömende Elektrizität, ihre Äußerung im Voltameter (Elektrolyse, Galvanoplastik), durch ihr Magnetfeld (Elektrische Klingel, Torsionsgalvanometer), durch die Joulesche Wärme (Glühlampe).* Das Ampère als Stromstärke (mit Voltameter definiert). Das Ohm als elektrischer Widerstand (mit Quecksilbersäule definiert), Ohmsches Gesetz. Das Volt, Substitutionsmethode.* Thermoelektrizität.*

VI. Klase (3 Stunden).

1. Elektromagnetische Induktion: Telephon. Mikrophon. Der Elektromotor. (Im Anschluß an Repetition).

2. Geometrische Optik. Photometrie*: Geradlinige Ausbreitung des Lichtes, Spiegelung an ebenen Flächen und Hohlspiegeln. Das Brechungsgesetz.* Das Spektrum. Sammel- und Zerstreuungslinsen.* Das Auge. Fernrohr.* Opernglas. Mikroskop.*

3. Physikalische Vorgänge als Energieumwandlungen betrachtet: Das Licht als Energieform: Überleitung zum Satz von der Erhaltung der Energie. Licht- und Wärmestrahlen.* Verdampfungs- und Schmelzwärme als Beispiele

„verborgener“ Arbeitsvorgänge. — Satz von der Erhaltung der Energie. Der freie Fall und senkrechte Wurf. Das Pendel.*

VII. Klasse (3 Stunden).

Exaktere Messungen. Die physikalischen Maßbegriffe und die gebräuchlichen Maßeinheiten: Die chemische Wage.* Genaue Bestimmung des spezifischen Gewichtes nach verschiedenen Methoden.* — Das Gasthermometer. Wärmeäquivalent. c_p und c_v für Gase. Adiabatische Veränderung eines Gases.* Gasverflüssigung. Messung der Schmelz- und Verdampfungswärme.* Luftfeuchtigkeit. Kritische Temperatur. — Messung eines nagnetischen Kraftfeldes durch Schwingungen. Gaußsche Methode.* (Da mit Rücksicht auf die mathematischen Schwierigkeiten die Dynamik erst in der IX. Klasse exakt behandelt werden kann, genügt es wohl, hier 1 dyne als $\frac{1}{980.6}$ [gr. = Gewicht für 45^0 geographische Breite] als Krafteinheit einzuführen.) Definition der elektromotorischen Kraft durch Induktion im cm-g-sec-Maß. Definition der Stromstärke mit Tangentenbussole.* Das Watt. Ohmsches Gesetz.* Kirchhoffsches Gesetz.* Wheatstonesche Brücke.*

VIII. Klasse (4 bis 3 Stunden).

1. Gesetze und Anwendungen der elektrostatischen und elektromagnetischen Induktion: Elektrostatische Induktion. Die Influenzmaschine. Diëlektrizitätskonstante.* Kapazität.* Gesetze der elektromagnetischen Induktion. Das Induktorium. Gasentladungen. Dynamomaschine. Wechselstrom. Selbstinduktion. Elektromotor.

2. Wellenlehre und Akustik: Allgemeines aus der Wellenlehre. Dopplers Prinzip, Longitudinal- und Transversalschwingungen. Resonanz.* Kundtsche Röhre.* Pfeifen. Die Tonleiter. Das Sprech- und Gehörorgan. Interferenzerscheinungen des Schalles.

3. Physikalische Optik: Wellentheorie des Lichtes. Huyghens Prinzip. Photometrie. Brechungsgesetz theoretisch erklärt. — Interferenz- und Beugungserscheinungen.* Richtige Mikroskoptheorie beleuchteter Objekte.

IX. Klasse (4 bis 3 Stunden).

1. Zusammenhang zwischen Licht und Elektrizität: Polarisation des Lichtes an Glasplatten.* Hertzsche Versuche. Prinzip der draht-

losen Telegraphie. Übersicht über die sämtlichen Strahlungsvorgänge der Physik.

2. Mechanik der Bewegung: Geschwindigkeit, Beschleunigung.* Die Newtonschen Gesetze. Versuch mit fallender Platte als Schülerversuch.* Freier Fall. Wurf. — Der Massenbegriff als abgeleiteter Begriff. gr-Gewicht und Dyne. Anwendungen des Satzes vom Parallelogramm der Kräfte.* Gleichförmige Bewegung auf einem Kreis. Das Pendel. Schwingungen von Magnetnadeln. Gravitationsgesetz. Die Keplerschen Gesetze.

3. Der Energiesatz als Hauptresultat zusammenfassender Betrachtung.

II.

Als zweites Beispiel füge ich den im Jahre 1899 von mir an den Volksschulen Münchens eingeführten Lehrplan der Physik an. (1927 setzte die Staatsregierung einen für alle Volksschulen Bayerns geltenden Lehrplan an seine Stelle. Der Physikunterricht erstreckte sich auf die letzten zwei Schuljahre der Volksschule. Ihm waren in den Knabenklassen wöchentlich 3 Unterrichtsstunden zugewiesen, die sich gleichmäßig auf die Demonstrationen und Schülerübungen verteilen.

In den Mädchenklassen waren ihm nur 2 Stunden zugewiesen. Jedes Volksschulhaus war mit den nötigen physikalisch-chemischen Einrichtungen ausgestattet. Die Volksschullehrer der Oberklassen wurden in besonderen Fortbildungkursen für dies Leitung der Schülerübungen vorbereitet. Jedem der beiden Schuljahre waren 7 bis 8 Aufgaben zugewiesen. Der Stoff, der innerhalb der Aufgaben behandelt werden sollte und für welchen die Aufgabe selbst den leitenden Gedanken gibt, war jeder Aufgabe in einer kurzen Disposition beigegeben. Die Methoden, nach welchen die Schülerübungen geleitet wurden, sind in dem Buche von Dr. Heinrich Alt, „Schülerübungen zur Einführung in die Physik", B. G. Teubner, 1910, Leipzig, wiedergegeben. Die Physik an den Volksschulen kann ihr Gewicht nur wenig auf die Schulung des Denkverfahrens im Sinne von Kapitel II und III legen; sie muß vor allem die andern Erziehungswerte im Auge behalten.

VII. Schuljahr.

1. Aufgabe: Wärmequellen und Wärmefortpflanzung. a) Wärmequellen: Sonne, Erdinneres (feuerspeiende Berge). Chemische Vor-

gänge. Druck (Feuerzeug). Reibung und Hämmern. — b) Wärmefortpflanzung; Leitung und Strahlung; gute und schlechte Wärmeleiter.

2. Aufgabe: Die Wärme dehnt alle Körper aus. a) Grundversuche: Luft in Schweinsblase, Wasser im Glasrohr, Metallkugel im Metallring (Metallstäbe am Fühlhebel). Dazu zahlreiche Beobachtungen aus dem Leben. — b) Regelmäßige Ausdehnung der Metalle (Quecksiber). Unregelmäßige Ausdehnung des Wassers. — c) Fixpunkte der Ausdehnung. (Schmelzpunkt, Siedepunkt.) Wärmemesser. — d) Änderung des Aggregatzustandes infolge der Ausdehnung durch fortgesetztes Erwärmen. Schmelzen von Eis, Wachs, Blei. Verdunsten, Sieden. Verdichten. Niederschläge, wässerige Lufterscheinungen. Erstarren, Eisbildung; Eigenschaften des Eises. Gletscher. — e) Winde und Meeresströmungen.

3. Aufgabe: Alle Körper sind schwer. a) Gewicht, Lot, Setzwage, Schwerpunkt. Schwerkraft. Zum Vergleich andre Kräfte: Federkraft, Muskelkraft, Adhäsion und Haarröhrchenkraft. — b) Fundamentalsatz von Wirkung und Gegenwirkung an Beispielen. — c) Begriff der Geschwindigkeit. Das Beharrungsvermögen. Die gleichförmige und die ungleichförmige Bewegung.

4. Aufgabe: Der Hebel ist die wichtigste einfache Maschine. a) Der zweiarmige Hebel (gleicharmig, ungleicharmig), gleicharmige Wage, Wellrad, Winde, Zange, Schere, feste Rolle, Schnellwage. — b) Der einarmige Hebel. Brecheisen, bewegliche Rolle. — c) Die goldene Regel der Mechanik im Hebelgesetz.

5. Aufgabe: Der auf Wasser ausgeübte Druck pflanzt sich nach allen Richtungen gleichmäßig fort. a) Kommunizierende Röhren, Kanalwage, Wasserleitung, horizontale Wasserfläche. — b) Boden- und Seitendruck im Wassergefäß. — c) Auftrieb des Wassers und Schwimmen. — d) Spezifisches Gewicht. Milchprüfer und Alkoholprüfer.

6. Aufgabe: Die Luft übt nach allen Seiten den gleichen Druck aus. — a) Knallbüchse, Stech- und Saugheber. Heronsball. — b) Saugpumpe und Druckpumpe. — c) Atmosphärendruck, Barometer. Auftrieb der Luft, Luftballon.

7. Aufgabe: Wie hören wir? a) Entstehung des Schalles und Fortpflanzung desselben in festen, flüssigen und luftförmigen Körpern, seine Geschwindigkeit. — b) Das Ohr und der Vorgang des Hörens.

VIII. Schuljahr.

1. Aufgabe: Das Licht pflanzt sich geradlinig fort. a) Geradlinige Ausbreitung. Schatten. Abnahme der Lichtstärke mit Entfernung und Neigung der beleuchteten Fläche. Lichtgeschwindigkeit. — b) Zurückwerfung des Lichtes (ebener Spiegel). Morgen- und Abenddämmerung.

2. Aufgabe: Das Licht kann (auch ohne Spiegelung) aus seiner geradlinigen Bahn abgelenkt werden. a) Erste Reihe von Grundversuchen: Münze im Wasserglas, Stab im Wasserglas. Lichtstrahl schräg ins Wasser fallend. — b) Grenze der Ablenkung, vollständige Zurückwerfung, atmosphärische Strahlenbrechung. — c) Zweite Reihe von Grundversuchen: Brechung im Brennglas (Sammellinse), Brechung im Hohlglas (Zerstreuungslinse). — d) Das Auge. Vorgang des Sehens. Brille. — e) Dritte Reihe von Grundversuchen: Brechung im Prisma. Die Farbenerscheinung: Morgen- und Abendrot. Der Regenbogen.

3. Aufgabe: Wie entsteht der Blitz? a) Grundversuche (Glas mit Seide, Kautschuk mit Pelz gerieben. Korkkugeln am Seidenfaden.

Gute und schlechte Leiter). — b) Elektrisiermaschine. — c) Influenz: Elektrophor (Leidener Flasche); Blitz und Blitzableiter.

4. Aufgabe: Der Magnet. Stab- und Hufeisenmagnet. Die Magnetnadel. Der Kompaß. Der Magneteisenstein.

5. Aufgabe: Der elektrische Strom. a) Das Flaschenelement: Zink — Kohle in Säure. Die Entstehung des Stromes. Vergleich mit dem Strom der Elektrisiermaschine. — b) Die elektrische Glühlampe und Bogenlampe. Wasserzersetzung. Galvanoplastische Verkupferung. Das Maß der Stromstärke. — c) Die magnetischen Wirkungen des Stromes. — d) Spannung und Widerstand. Zusammenhang der elektrischen Grundmaße. Stromstärke- und Spannungsmesser.

6. Aufgabe: Elektrische Induktion. a) Stabmagnet und Spule. — b) Induktion durch einen Elektromagnet.

7. Aufgabe: Der elektrische Fernverkehr unsrer Zeit. Elektrische Klingel. Telegraph, Telephon.

8. Aufgabe: Begriff der mechanischen Arbeit. Wärmeverbrauch. a) Flaschenzug und schiefe Ebene. Die Pferdekraft. — b) Das Pendel. Der Grundgedanke der Pendeluhr. —

c) Wärmeverbrauch: Begriff der Wärmemenge. Schmelzwärme, Verdunstungswärme, Verdichtungswärme. — Verdunstungskälte. Umwandlung der Arbeit in Wärme und umgekehrt. — Steinkohlen sind aufgespeicherte Wärmemengen (Arbeitsmengen). Wärmewert der Arbeit. Arbeitsleistung der Maschinen; Dampfmaschine.

GPSR Compliance

The European Union's (EU) General Product Safety Regulation (GPSR) is a set of rules that requires consumer products to be safe and our obligations to ensure this.

If you have any concerns about our products, you can contact us on ProductSafety@springernature.com

In case Publisher is established outside the EU, the EU authorized representative is:

Springer Nature Customer Service Center GmbH
Europaplatz 3
69115 Heidelberg, Germany

Batch number: 10815962

Printed by Printforce, the Netherlands